高等学校专业教材

华东理工大学研究生教育基金资助

食品过程工程

赵黎明　主编

中国轻工业出版社

图书在版编目（CIP）数据

食品过程工程/赵黎明主编. —北京：中国轻工业出版社，
2020.4

高等学校专业教材

ISBN 978-7-5184-2876-2

Ⅰ.①食… Ⅱ.①赵… Ⅲ.①食品工程学—高等学校—
教材 Ⅳ.①TS201.1

中国版本图书馆 CIP 数据核字（2020）第 019858 号

责任编辑：罗晓航　　　　　责任终审：张乃东　整体设计：锋尚设计
策划编辑：李亦兵　罗晓航　责任校对：李　靖　责任监印：张　可

出版发行：中国轻工业出版社（北京东长安街 6 号，邮编：100740）
印　　刷：三河市国英印务有限公司
经　　销：各地新华书店
版　　次：2020 年 4 月第 1 版第 1 次印刷
开　　本：787×1092　1/16　印张：11.5
字　　数：300 千字
书　　号：ISBN 978-7-5184-2876-2　定价：45.00 元
邮购电话：010-65241695
发行电话：010-85119835　传真：85113293
网　　址：http：//www.chlip.com.cn
Email：club@chlip.com.cn
如发现图书残缺请与我社邮购联系调换
190223J1X101ZBW

前言 | Preface

　　食品工业是国民经济领域极为重要且规模巨大的产业。由于全球人口不断快速增长，食品加工技术得到了迅猛发展。从世界范围来看，消费者对食品的诉求已经超越了食品安全这个层面，越来越重视高品质、方便性和营养健康。因此，食品科学家和工程技术人员必须为满足消费者不断发展变化的需求而进行永无止境的探索。食品加工过程就是将食物从原料加工成终端产品的全过程，与传统食品工程原理的观点不同，食品过程工程的实质是一个多元素、多系统、多尺度交叉互作的动态过程，具有时变性、累积性、交融性等特征，是化学化工过程（三传一反过程）、细胞生理过程、微生物代谢过程、物理加工过程等过程科学的集成，涉及数学、化学、物理学、工程学、生物学、计算科学、大数据和人工智能、机械、材料科学等诸多学科。

　　《食品过程工程》是适用于食品、生物工程等相关专业研究生、企业研发工程师等人员的新型教材或参考书。区别于食品工程原理，它是建立在化工单元操作的基本理论和方法之上，又具有食品科学学科自身显著特色的过程工程学，强调加工单元过程的时变效应和累积效应，注重数学模型和动力学模拟在描述和解决加工过程中的运用，将食品生物工程的理念融入其中，在食品学科发展、食品工业实践和未来食品创造中将发挥重要作用。

　　全书共分为七章，分别从数学工具应用、反应动力学、食品流变学、计算流体力学、传热、冷冻冷藏、传质等角度，介绍了数学工具和模型、信息化及智能化工具在食品过程工程研究中的运用，辅以大量最新研究成果作为案例进行解析，便于更好地理解上述知识在解决实际问题中的应用，具有较强的工程特点和学科交叉特色。

　　在本书的编写过程中，参阅和引用了国内外有关专家的论著、教材、课件资料，在此表示感谢。本书付梓之前，主要内容和讲义经过了五年研究生必修课教学实践应用，并在应用过程中持续补充、完善。华东理工大学多位研究生参与了部分章节内容的资料整理和文字编辑工作：张雪、罗洒（第一、二章），卢珺（第三章），祝越超（第四章），屈田乐、郭佩（第五章），陈淑敏、聂嵘（第六章），张迪、胡小超（第七章），在此一并表示感谢！

　　由于编者水平和能力有限，书中难免存在错误或不足之处，敬请读者批评指正，以便进一步修订完善。

赵黎明

2019 年 12 月

绪　论

第一节　食品过程工程

食品工程发展的初期主要侧重于食品的保藏（如防止腐败与致病微生物的生长、酶的破坏），使食物在经过贮藏之后仍然可安全食用并保持营养，保障食品在运输过程中的稳定，这是 20 世纪中期之前食品工业的主要焦点。食品的加工与保藏是影响食品质量与安全、营养与健康、品质与成本的核心工程过程。法国糖果师尼古拉斯·阿佩特（Nicolas Appert）在 1812 年发明了加热灭菌技术，即对玻璃罐和玻璃瓶（图 1-1）中的食品进行加热处理，实现了食品的长期保藏。这标志着食品加工完成了从手工到工业化的跨越，也是现代食品工程起步的里程碑。后来，阿佩特出版了第一本关于现代食品保藏方法的著作——《肉类和蔬菜保藏法》。路易斯·巴斯德（Louis Pasteur）在 19 世纪末证明了细菌和致病微生物的生长会导致食品变质，并发明了巴氏杀菌（Pasteurization）、人造奶油制造工艺等。19 世纪中叶至 20 世纪初商业制冷技术的发展，使食品工程走上了新的征程。

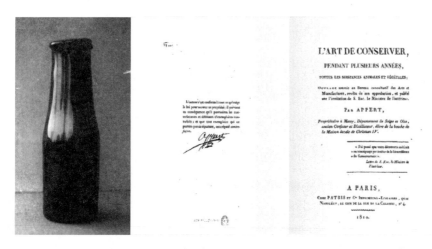

图 1-1　阿佩特罐头瓶（左）和第一本关于现代食品加工的书（右）

20世纪下半叶，多种因素促使食品工业的重点转向开发更加多样化的食品。随着全球人口的急剧增长和全球经济的日益繁荣，人们对高质量食品的需求越来越大，同时对营养丰富、感官性能良好的食品也有了更大的需求。因此，食品工程注重于食品加工过程的研究，食品加工的两个根本目标仍然是转化（Transformation）和保藏（Preservation），食品加工过程即将一系列工艺按照一定的顺序组合在一起以实现特定的生产目的，而组成这个加工过程的工艺称为"单元操作"（Unit Operation）。食品制造过程就是利用这些单元操作组合成工艺过程，实现从原材料到终端产品或副产品的制造。大量的单元操作被开发并应用于食品工程中，这些单元操作包含物理、化学或生物化学等层面，这与化学工业过程中相同，因此一些化工单元操作的知识和优势在适应食品原材料特性（特别是易腐烂的天然产品）和加工特殊条件（卫生、清洁等）后，就能够应用于食品工业。食品工程是基于化学工业的相对较新的工程分支，过程工程也由此发展起来。过程工程概念的重要性在于它统一了通常被独立区分开的单元操作技术。因此，尽管所有食品工业的基本原则具有明显的多样性，但它们在逻辑上是统一的。

21世纪以来的近20年里，世界科学技术日新月异，推动了经济快速发展，包括人工智能、生物技术和生命科学在内的新技术飞速发展，并给人类带来一场新的技术革命和生产生活方式的革新。人类对于食品和食品工业的需求和要求有了具备时代特点的新变化，这些新趋势体现在以下几个方面：

①更新鲜（Fresher）：不加工或减少加工强度，以降低加工过程对食品风味、品质和营养的破坏；

②更安全（Safer）：在避免传统的生物性、化学性和物理性等食品安全风险的基础上，进一步关注新型食品加工技术或食品原料导致的食物源慢性代谢性疾病或累积性危害风险、基因危害风险、致敏性风险等；

③更营养健康（Nutritionally Healthier）：食品不能仅满足生存需求或感官需要，我们更应关注食品对于人类健康的积极影响和对于某些疾病的辅助治疗价值，达到"治未病"和"病从口出"的营养健康目的；

④更天然（More Natural）：尽量少用添加剂，注重全食品（Whole Food）和非转基因（Non-GMO）；

⑤质量更高（Higher Quality）：包括风味、质构和外观等，能够满足更高标准、更多元化的需求；

⑥简化包装（Minimally Packaged）：满足人们环境保护意识日益提高所产生的需求，降低食品成本，并提升包装材料的安全性和环保性；

⑦提高方便性（Improved Convenience）：对加工制造、保藏和运输以及消费过程的方便化要求越来越高。

针对消费者的需求趋势，食品科学界和工业界必须进行相应的技术和策略的调整，以满足不断变化的消费需求。这些调整策略包括：

①通过技术创新实现产业的可持续性（Sustainability），不断降低能耗和减少水资源消耗，开发和使用环境友好的包装材料（如生物基可降解材料）；

②开发和采用更温和的加工方式（Milder Processing），如优化热加工技术、低强度加热（Less Intense Heating）、开发和使用非热加工技术（Nonthermal Processes）等；

③减盐、减糖、减油（Reduce Salt, Sugar and Fat），控制盐、糖和脂肪的使用和摄入，降

低其引入的慢性营养疾病；

④采用栅栏技术（Hurdle Technology）进行食品保藏、保鲜，避免或减少防腐剂等化学食品添加剂的使用；

⑤不断关注和提升食品的安全性，加强对原料、保藏、运输环节的控制和规范，防止食源性疾病和危害的产生；

⑥利用合成生物学技术（Synthetic Biology）和细胞工程（Cell Engineering）技术制造目标食品原料或食品营养因子，实现原料来源的多样性和可控性，同时也有效避免了饲养、种植等过程中的农药残留或抗生素残留等危害；

⑦通过大数据和人工智能技术（Big Data & Artificial Intelligence），实现食品加工、保藏、贮运过程中的过程工艺参数和品质控制参数的精准设计和控制。

这种消费需求和产业应对的发展，要求对农产品的收获、屠宰、清洗等预处理过程，以及食品加工过程、食品运输和保藏过程等有更高要求的认知、过程监测和描述、过程预测和控制水平，于是，基于过程工程的食品过程工程应运而生。食品过程工程（Food Process Engineering）的实质是一个多系统、多尺度、多参数互作动态过程，可以归结于"传递"（Transportation）和"反应"（Reaction）过程（三传一反）、微生物生长和代谢过程、生物催化和转化过程、物理加工过程等多学科科学技术的集成，强调加工和保藏过程的时变效应（Time–Dependent Effects）和真实过程（Real Processing）的描述、预测和控制（Description, Prediction and Control），注重数学工具（Mathematic Tools）和数学模型（Mathematical Modeling）、信息化（Informatization）和智能化（Intelligentialize）工具的普遍运用，是研究食品过程工程的重要工具，在食品科学与工程发展中具有重要作用。

第二节　数学模型及数学工具

数学模型可以用来理解和描述食品加工或保藏过程中的各种因素与食品质量指标之间的内在关系，进而预测过程与结果的相关性和相互影响，最终用于采取有效的控制策略，实现食品加工与保藏的目的。建立这样的数学模型，不仅需要掌握食品科学和营养学的相关知识，还需要数学建模的知识。

数学模型是运用数理逻辑方法和数学语言建构的科学或工程模型。数学语言可以用来描述客观世界，可以让我们对客观现象做出精准的描述。数学建模就是针对现实世界的实际问题及数据，运用数学语言，如符号、方程、公式等，在一定的假设及适当简化实际问题的情况下，将现实问题抽象为数学模型，并进行分析求解，进而解决实际问题的过程。数学模型最重要的作用是反映现实问题，但由于它只是一个模型，不可能考虑到现实中的全部因素，因此在建模过程中需要忽略一些次要因素或对这些因素进行简化，从而使模型更加集中地反映现实问题的数学规律。

一、数学建模过程

建立数学模型需要获取必要的数据，因此，首先通过有限的实验或者通过文献检索获得充分的数据，再运用数学工具来建立模型。需要特别指出的是，建模的目的和建模的方法同样十分重要。建模的一般步骤如下：

1. 模型的准备

各行各业都可能遇到需要建立模型的问题，那么在建立数学模型之前我们首先要对该行业的背景知识有一定的了解，可以通过查阅、学习等方法先对问题有一个初步的印象。此外，要明确建立数学模型的目的，清楚所要研究的对象的特征，必要时请教相关方面的专家，为模型建立作准备。

2. 模型的假设

要将现实问题简化为数学语言，就需要根据建模的目的，在分析问题的基础上对问题进行必要地、合理地简化，并使用精确的语言作出假设。在假设时，不可能把所有问题都考虑到，需要抓住问题的主要因素，去除次要因素。假设的问题及假设的合理性也会影响建模的成功与否，因此模型假设时既要进行简化，又要保持模型与实际问题足够贴合。

3. 模型的建立

根据了解到的问题背景以及所建立的假设，利用适当的数学工具表示相关量与元素的关系，建立数学结构，如不等式、方程、表格、图形等。建模时尽量采取简单的数学工具，以方便更多的人能够了解和使用该模型。

4. 模型的求解

模型建立完成后需要进行求解，包括解方程组、画图表、逻辑运算等，一般运用软件和计算机技术进行求解。这些软件可以为求解数学模型提供快捷方便的方法，Mathematica 和 Maple 作模型解析研究，LAPACK、BLAS、Sundials 作数值求解中具体代数方程、偏微分方程与常微分方程的求解。

5. 模型的分析

这一步是要对模型进行数学分析，尤其是误差分析和数据稳定性分析。

6. 模型的检验

既然建立数学模型的目的在于解决实际问题，那么对于建立好的模型，其一需要检验该数学模型是否可以作为解决实际问题可以使用的模型。其二需要检验数学模型是否在逻辑上说得通，是否存在自相矛盾的地方。除此之外，模型是否容易求解也是判断数学模型优劣的一个重要指标，过于烦琐的求解过程不利于模型的普遍应用。如果结果不够理想，应该进行修改、补充假设或者重新建模，有的模型需要经过几次的重复，不断完善。

7. 模型的应用

所建立的模型必须能够应用到实际过程中，并在应用中不断改进和完善该模型。

二、数学模型分类

数学模型涉及很多学科，也会应用到不同的数学工具，因此它的分类并不是绝对的，按照不同的标准来划分可以分为不同类别：

①按照模型中的变量情况：可以分为离散性模型或连续性模型，确定性模型或随机性模型等；

②按照模型的应用领域：可以分为生物数学模型、医学数学模型、地质数学模型、数量经济学模型、数学社会学模型等；

③按照建立模型的数学方法：可以分为几何模型、微分方程模型、图论模型、规划论模型等；

④按照是否考虑时间的变化：可以分为静态模型和动态模型。

除此之外，还有许多不同的分类方式，不一一赘述。

动力学模型（Kinetics Modeling）是食品工程中最常用的数学模型之一，在第二章将详细介绍。除此之外，如响应面模型（Response Surface Models）和多元统计工具（Multivariate Statistical Tools）也十分重要。

三、相关数学工具

食品过程工程本质上是多尺度、多系统、多参数互作的动态过程，是一项多学科交叉融合的技术，因此具有高度的复杂性。在解决问题的过程中往往数据量过于庞杂，而且数据之间存在复杂的相互关联性，如何去分析这些数据，找到其中的关系是难点。这就取决于合理运用数学工具，通过不同数学计算工具的处理，从海量数据中抽丝剥茧，探究其中蕴含的信息，更快更好地解决问题。

（一）数据分析：绘图和拟合方程

1. 变量和函数

（1）变量（Variable）　是指能评估某个值的量，变量的符号是不定的，任何字母都能代表一个变量，但是通常字母表中靠前的字母代表常数（Constant），靠后的字母代表变量。如表达式 $y=ax+b$，其中 a 和 b 代表常数，x 和 y 代表变量。

（2）函数（Function）　是表示变量之间关系的表达式，利用这个工具可以便于研究人员探究不同变量的变化情况和关系。如放在烘箱里加热的固体温度，可以表达为加热时间和固体温度的函数关系表达式 $y=f(x, t)$。

（3）变量又可分为因变量（Dependent Variable）和自变量（Independent Variable），两者是可交换的。如表达式 $y=f(x)$ 中，y 是因变量，x 是自变量，但如果将表达式改写为 $x=g(y)$，则因变量是 x，自变量是 y。在实验设计中，固定的变量是自变量，而需要测量得到的是因变量。例如，测定罐头食品中抗坏血酸的损失时，时间是自变量，抗坏血酸的含量是因变量。另外，如果是采集某个样品，测定样品的水分含量和水分活度，那么可以将其中任意一个设定为因变量和自变量。

2. 作图

每个实验得到的数据都是一组数据点组成的，每个数据点是代表一对因变量和自变量的值的数字。如果一个因变量的值仅对应一个自变量的值（单变量），即表现为一个数据对。反之，如果一个因变量的值对应多个自变量的值（多变量），即表现为数据表或图表。以单变量对应的数据点作图是二维的，以多变量对应的数据表作图是多维的。

数据点的一对数字是指该点在图上的坐标，因变量绘制在水平轴或"横坐标"（Abscissa）上，自变量绘制在垂直轴或"纵坐标"（Ordinate）上。数据点的值代表该点分别在横坐标和纵坐标上距离原点的距离，通过合理的缩放，使数据点落在图的中间。相类似地，笛卡尔坐标系（Cartesian Coordinate System）扩展了横坐标和纵坐标，将图分为四个象限，左半边的横坐标代表因变量的负值，下半边的纵坐标代表自变量的负值。

（1）线性图（Lineargraph）　如果包含变量 x 和 y 的实验数据满足下述方程：

$$y = ax + b \tag{1-1}$$

式中　a——直线的斜率；

　　　b——y 轴的截距。

那么作图时，这些数据将落在一条直线上。

（2）单对数坐标图（Bode Plot）　如果包含变量 x 和 y 的实验数据满足下述方程：

$$y = a \times 10^{bx} \tag{1-2}$$

式中，a 和 b 为常数，对等式两边以 10 为底取对数，则有：

$$\lg y = bx + \lg a \tag{1-3}$$

因此，如果用 $\lg y$ 对 x 作图，则得到一条直线，其斜率为 b，在 y 轴上的截距是 $\lg a$。这时，更方便的方法是使用单对数坐标图纸，这种图纸的一个坐标是线性的，另一个坐标是 $\lg$ 坐标，将 y 放在 $\lg$ 坐标上，x 放在线性坐标上直接描点，即可得一条直线。

（3）双对数坐标图（Log-Log）　如果包含变量 x 和 y 的实验数据满足下述方程：

$$y = ax^b \tag{1-4}$$

式中，a 和 b 是常数，对等式两边取对数，则有：

$$\lg y = b \lg x + \lg a \tag{1-5}$$

因此，如果使用双对数坐标图，用 y 对 x 作图则得到一条直线，其斜率为 b，a 是 $x=1$ 时 y 的值。

3. 方程（Equation）

方程是一个恒等式的陈述，利用方程可以很方便地通过一个或多个变量的值得知另一个变量的值，因此如何通过实验数据拟合出接近真实情况的方程是十分重要的。可以通过以下方法拟合到方程中：

（1）线性回归和多项式回归　线性回归（Linear Regression）是指选取大量的样本数据，根据数据的发展趋势，选择假设函数，基于最小二乘法（Least Square Method）得到函数极小值，代入假设函数中就可以得到较为符合的方程。多项式回归（Polynomial Regression）则是在样本数据更为复杂的情况下，运用类似的原理，通过假设和代入得到相符合的方程。

（2）线性、数据转换和线性回归　线性方程是一种便于计算和分析的方程，因此多数情况下都希望将方程化为线性方程，当数据关系是非线性时，可以通过数据转换（Data Conversion）将其转换为线性数据，线性回归确定线性方程的系数。

（3）作图　原始数据点或是变化后的数据点，多个点可以绘制成一条直线，并且从斜率和截距中确定方程中变量的系数。

（二）方程的解法

1. 方程的根（Solution）

方程的根代表变量的值，且符合函数方程式的关系。多项式的根和多项式数量一样多，以下介绍几种方法确定方程的根。

（1）变量的最高次数为 2 的方程称为二次方程，可以通过求根公式得解：

$$ax^2 + bx + c = 0 \tag{1-6}$$

能得到根：

$$x = \frac{-b \pm \sqrt{b^2 - 4ac}}{2a}$$

（2）还可以通过分解因式得解：

$$f(x) = (ax+b)(cx+d)(ex+f) = 0 \tag{1-7}$$

能得到根：$x = -\dfrac{d}{a}$；$x = -\dfrac{d}{c}$；$x = -\dfrac{f}{c}$

这三个解都满足方程 $f(x) = 0$。

（3）迭代法（Iterative Method） 上述分析解能够快速得到方程的解，但对方程的表达形式有严格的要求。实际问题中，多数方程不可能获得根的分析表达式；数值求解是最常用的解析解替代方法。以牛顿迭代法（Newton-Raphson Method）为例来解释说明。初始化变量 x 的值 $x = x_0$，然后通过以下式子计算下一步的变量值 x_1，

$$x_1 = x_0 - \frac{f(x)}{f'(x)} \tag{1-8}$$

通用地，

$$x_{n+1} = x_n - \frac{f(x_n)}{f'(x_n)} \tag{1-9}$$

如此迭代，直到停止判别式 $f(x_n) < \varepsilon$ 或者 $\left| \dfrac{x_{n+1} - x_n}{x_n} \right| < \varepsilon$，$\varepsilon > 0$ 得到满足。其中，$f'(x)|_{x=x_n}$ 为变量 $x = x_n$ 时的一阶导数。

除牛顿迭代法之外，还有其他被广泛应用的迭代法，如二分法（Bisection Method）、弦截法（Secant Method）等；由于内容关系，不作具体展开。

2. 图解积分

有些情况，实验结果难以用可以积分的方程式形式表达，此时可以使用图解积分法。图解积分法是通过有限差分法评估微分方程的值。以下举例三种求解方法：

（1）矩形法（Rectangle Method） 如图 1-2（1）所示，将定义域分为一系列矩形，矩形的厚度表示 x 的增量。设置矩形的高度使得曲线内部的阴影区域等于曲线外部的条形区域。增量可以不相等，图 1-2（1）中使用 0.5 个单位的相等增量。

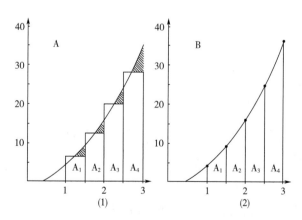

图 1-2 矩形（1）和梯形（2）的图形积分

对于 A_1、A_2、A_3 和 A_4，矩形的高度分别为 6.5、12.5、20 和 28。面积之和为 0.5×（6.5+12.5+20+28） = 33.5。

（2）梯形法 如图 1-2（2）所示，将定义域分为一系列梯形，梯形的面积是宽度乘以高

度的算术平均值。对于函数 $y=4x^2$，当 $x=1$、1.5、2、2.5 和 3 时，函数值（高度）分别为 4、9、16、25 和 36。梯形 A_1、A_2、A_3 和 A_4 的面积分别为 0.5×（4+9）÷2、0.5×（9+16）÷2、0.5×（16+25）÷2 和 0.5×（25+36）÷2。总和为 3.25+6.25+10.25+15.25＝35。

若采用矩阵实验室（MATLAB）计算，可直接调用 *trapz*（*x*，*y*）函数，以梯形法的方式计算积分。

（3）辛普森积分法（Simpson's Rule） 梯形法又可以理解成以一次多项式的方式逼近积分原函数。下面介绍以二次多项式（Quadratic Polynomical）的方式逼近原函数的辛普森法则。假定函数积分区间 $[a, b]$，被偶数均匀地分成 $\Delta x=\dfrac{b-a}{n}$ 个片段。在偶区间 $[x_0=a, x_2=a+2\Delta x]$ 内，采用二次多项式 $g(x)=a_0+a_1x+a_2x^2$ 来近似原函数：

$$\int_{x_0}^{x_2}f(x)\,\mathrm{d}x \approx \int_{x_0}^{x_2}g(x)\,\mathrm{d}x \tag{1-10}$$

$$\int_{x_0}^{x_2}(a_0+a_1x+a_2x^2)\,\mathrm{d}x = \left(a_0x+a_1\frac{x^2}{2}+a_2\frac{x^3}{3}\right)\Bigg|_{x_0}^{x_2} \tag{1-11}$$

通过三个坐标点 $[x_0, f(x_0)]$、$[x_1, f(x_1)]$、$[x_2, f(x_2)]$ 联立多项式的代数方程，可求出 a_0、a_1、a_2 的值。然后代入 $[a_0, a_1, a_2]$ 值到式（1-11）中得出，

$$\int_{x_0}^{x_2}f(x)\,\mathrm{d}x \approx \frac{x_2-x_0}{6}[f(x_0)+4f(x_1)+f(x_2)] \tag{1-12}$$

其中，$\dfrac{x_2-x_0}{6}=\dfrac{\Delta x}{3}$。由此类推，积分面积时所有如此偶区间片段积分数值的加和：

$$\int_a^b f(x)\,\mathrm{d}x \approx \sum_{i=0}^{n-2}\int_{x_i}^{x_i+2}g(x)\,\mathrm{d}x = \frac{\Delta x}{3}[f(x_0)+4f(x_1)+f(x_2)]+\frac{\Delta x}{3}[f(x_2)+4f(x_3)+f(x_4)]+\cdots+$$
$$\frac{\Delta x}{3}[f(x_{n-2})+4f(x_{n-1})+f(x_n)] \tag{1-13}$$

所以积分面积 A

$$A = \frac{\Delta x}{3}\left\{f(x_0)+4[f(x_1)+f(x_3)+\cdots+f(x_{n-1})]+2[f(x_2)+f(x_4)+\cdots+f(x_{n-2})]+f(x_n)\right\} =$$
$$\frac{\Delta x}{3}\left[f(x_0)+\sum_{\substack{i=1\\j=\text{odd}}}^{n-1}f(x_i)+\sum_{\substack{j=2\\j=\text{even}}}^{n-2}f(x_j)+f(x_n)\right] \tag{1-14}$$

此外，辛普森积分法还可以用三次多项式进行拟合，这里不作介绍。

四、数学模型在食品工程中的应用

我国是一个人口众多的国家，每天都有大量的食品被消费，这些食品可能经过研磨、干燥、腌制、冷冻等不同的加工过程，这些加工过程会涉及食品营养成分的损失、质构的变化、添加剂的使用、微生物的生长繁殖等。现代生产工艺需要灵活多样，出于多种因素限制，通过反复试验达到质量标准似乎不再是最好的方法。更系统的方法是使用建模，实际上，可以将建模过程想象为在虚拟实验室中使用定量模型进行模拟。数学模型的目的是基于对现象和可用度量的现有理论帮助理解、预测、控制复杂对象或过程的相关特征。目前的工业应用通常依赖于极其简化的静态模型，无法对工厂性能、质量和安全条件以及环境影响的瞬态效应进行真实的评估。建模和模拟的研究工作应针对主要的现象学方面，结合不同的因素，如热量、质量、动量、种群平衡与生物

化学反应。下面以食品常用的数学模型为例，方便读者理解数学模型的应用。

（一）食品热物性的数学模型

食品的热物性（包括密度、导热系数、比热容等）在传热过程中会发生很大的变化。例如，食品冻结的过程中，水在食品组分中所占比例很大，且冻结过程中会发生相变，而水的热物性与冰的热物性差别很大，在 0℃ 水的密度为 997kg/m³，冰的密度为 917kg/m³；水的导热系数为 0.567W/(m·K)，冰的导热系数为 2.24W/(m·K)，因此水的相变会影响食品的密度、导热系数。除此之外，冻结时食品的比热容除了实际比热容外还要考虑相变放热，冰在 0℃ 时的融化潜热为 333.2kJ/kg，数值很大，因此冻结食品的比热容也会发生很大变化。

在选择食品冻结设备以及生产工艺时，常常需要利用食品的热物性来计算热负荷，过去选用人工查表计算的方法，既烦琐又不精确，随着电子计算机技术的发展，利用数学模型的自编软件进行计算能节约时间并满足精度的要求。其次，研究中经常需要对食品的传热过程进行分析与数值模拟，这一过程也需要用到食品的热物性数据。而利用数学模型能较好地描述食品热物性的变化规律，保证分析和模拟结果的准确性。在 Fluent 软件中，可以采用分段多项式数学模型来描述材料物性的变化规律。

首先了解食品热物性学的经验公式：

1. 食品冻结水含量的经验公式

$$x_{ice} = \frac{1.105x_{wo}}{1 + \frac{0.8765}{\ln(t_f - t + 1)}} \tag{1-15}$$

式中　x_{ice}——冻结过程中食品内冰的质量分数；

　　　x_{wo}——未冻结时食品内水的质量分数；

　　　t_f——食品的初始冻结温度,℃；

　　　t——食品内部的温度,℃。

2. 食品密度的经验公式

$$\rho = \frac{(1 - \varepsilon)}{\sum (x_i/\rho_i)} \tag{1-16}$$

式中　ρ——食品的密度；

　　　ε——食品材料的多孔率；

　　　x_i——食品中各种组分的质量分数；

　　　ρ_i——食品中各种组分的密度。

3. 食品热导率的经验公式

Chio 和 Okos 提出的根据组分体积分数和导热系数计算食品材料在各温度下的热导率的经验公式：

$$k = \rho \sum \frac{x_i^v}{\rho_i}k_i \tag{1-17}$$

其中，x_i^v 是食品材料各组分体积分数，计算公式如下：

$$x_i^v = \frac{x_i/\rho_i}{\sum (x_i/\rho_i)} = \frac{x_i}{\rho_i}\rho \tag{1-18}$$

式中　x_i——食品中各组分的质量分数；

ρ_i——食品中各组分的密度；

k_i——食品中各组分的导热系数。

将式（1-18）代入到式（1-17）可得到：

$$k = \rho^2 \sum \frac{x_i}{\rho_i^2} k_i \tag{1-19}$$

4. 食品比热容经验公式

$$c_u = \sum c_i x_i \tag{1-20}$$

式中　c_u——未冻结食品的比热容；

c_i——食品中各组分的比热容。

当食品的温度在冻结点以下时，必须同时考虑温度改变的显热和水变成冰的潜热。采用 Chen（1985）对 Schwartzberg（1981）的经验公式的改进，简化形式如下：

$$c_a = 1.55 + 1.26 x_s - \frac{(x_{wo} - x_b) L_o t_f}{t^2} \tag{1-21}$$

式中　c_a——表观比热容；

x_s——食品中不可溶固体的质量分数；

x_b——食品中结合水的质量分数；

L_o——水的凝固潜热（333.2kJ/kg）。

根据上述经验公式，从水、冰、蛋白质、脂肪、碳水化合物和灰分等构成食品的单组分物质的热物理性质出发来确定食品材料的热物理性质，通过查找各组分的计算公式代入上述经验公式得到食品材料热物性的数学模型。为得到简单的分段多项式模型，采用 C 语言编写程序，利用程序计算出一系列的离散点，并绘制热物性随温度变化的曲线图，再利用分析软件对离散点进行回归分析，得出多项式数学模型。最后再与文献中热物性随温度变化的趋势图进行比较，验证模型的正确性。

（二）食品挤压膨化过程数学模型

挤压膨化过程包括 5 个阶段：物料从有序到无序的转变、气泡成核、模口膨胀、气泡生长和气泡塌陷。从有序到无序的转变主要是指淀粉糊化和降解、蛋白质变性等，使粒状或粉状物料转变成具有黏弹性的熔融体。成核和气泡生长是影响膨胀的关键阶段，后期的气泡塌陷则降低膨胀度。模口膨胀主要对径向膨胀产生影响。挤压膨化涉及的模型主要有成核速率模型、气泡生长模型、模口膨胀模型，这里主要介绍一下成核速率模型。

熔融体排出模口后由于压力突然降低，形成热力不稳定的小气泡，称作"泡种"，"泡种"达到临界值时气泡才能够生长，如果直径过小，表面张力过大导致气泡不能生长，当"泡种"直径达到临界值时成为"气核"。

若成核方式为均匀成核，成核速率如式（1-22）：

$$N_c = A c_0 \exp\left(-\frac{\Delta G}{k_B T}\right) \tag{1-22}$$

式中　A——气体分子成核的频率因子；

k_B——玻尔兹曼常数（Boltzman），J/K；

T——热力学温度，K；

c_0——发泡剂浓度，kg/m^3；

ΔG——成核所需的吉布斯自由能（Gibbs），$\Delta G = \dfrac{16\pi\,\sigma^2}{3\,(\Delta P)^2}$，$\sigma$ 为气泡-熔融体间的界面张力，ΔP 为模头压力降。

另一种成核方式为非均匀成核，其主要由杂质引起，其速度比均匀成核快得多。食品挤压过程中的成核方式主要为非均匀成核。其成核数量主要由实验确定。

（三）食品贮藏品质数学模型

食品贮藏品质与食品的种类、加工工艺、贮藏条件等有关，不同食品贮藏过程的品质变化规律和品质特征指标往往有差别。在一定的贮藏过程中，食品的品质是贮藏时间的函数，品质随时间的变化可用 $N_i = f_i(t)$ 来表示，N_i 为第 i 种品质指标（$i = 1, 2, 3 \cdots\cdots, n$，如 N_1 为总菌数，N_2 为色泽等）；$f_i(t)$ 为第 i 种品质指标的时变函数，通常受原料特性、贮藏条件及初始状态等因素的影响；t 为贮藏时间。$f_i(t)$ 可以为理论模型、经验公式、半理论半经验模型等。其中常用的理论模型有描述生物生长的米切利斯（Mitscherlich）、冈珀茨（Gompertz）、罗杰斯蒂（Logistic）、理查兹（Richards）等模型，描述酶反应特性的米氏方程，描述生化反应的一级化学反应动力学模型和阿伦尼乌斯方程（Arrhenius Equation）等。

（四）食品包装材料数学模型

塑料包装广泛用于食品包装中，用于阻止氧气、水蒸气、二氧化碳的渗透，减缓原始成分和营养的损失，方便贮藏等。但有些不合格的塑料包装材料，由于内部残留的添加剂、加工助剂、聚合物单体、低聚体等化学物质扩散进入食品中，会导致食品安全事件的发生。若通过实验手段研究塑料包装材料内组分的迁移，耗时耗力、检测困难且花费昂贵。采用建立数学模型的方法研究塑料包装材料中化学物质向食品的迁移，既便于研究又能降低成本。目前，包装材料向食品迁移的数学模型大都基于菲克（Fick）扩散定律：

$$J = -D\frac{\mathrm{d}C}{\mathrm{d}x} \tag{1-23}$$

式中　D——扩散系数，m^2/s；

　　　C——扩散物质的体积浓度，kg/m^3；

　　　J——扩散通量，$kg/(m^2 \cdot s)$。

式（1-28）描述了一种稳态扩散，即污染物浓度不随时间而变化。大多数扩散过程为非稳态扩散，即材料中某一点的浓度随时间而变化。因此需要考虑 Fick 第二定律：

$$\frac{\partial C}{\partial t} = \frac{\partial}{\partial x}\left(D\frac{\partial C}{\partial x}\right) \tag{1-24}$$

通常认为迁移仅发生在垂直于包装材料的平面上，因此用上述一维的二阶偏微分方程来描述。当扩散系数 D 与浓度无关时，式（1-24）简化为：

$$\frac{\partial C}{\partial t} = D\frac{\partial^2 C}{\partial x^2} \tag{1-25}$$

[**例1-1**]　一种奶油蛋卷类产品中的真菌生长预测模型（Ifigeneia M，2018）。

真菌污染是烘焙产品中的主要食品安全问题，烘焙产品的 pH 和水分活度（A_w）适宜霉菌的生长，且通常这些产品会直接放在货架上进行售卖，更增加了感染真菌的风险。因此建立一个能够预测真菌生长的数学模型是十分有价值的，以下以一种奶油蛋卷产品为例。

首先从烘焙商家中获得一些奶油蛋卷类产品的基础数据，包括产品类别、A_w、pH、防腐剂和包装气体。根据这些产品的特点，设定条件：A_w 为 0.99（真菌生长最适值）和 0.82（奶油蛋卷类产品值）；pH=6.0；温度为 25℃ 和 37℃（夏季温度）有氧培养，并每天测定菌落生长直径。

根据菌落生长直径和贮藏时间的关系绘制生长曲线，然后将实验数据通过一级线性模型巴拉尼-罗伯茨（Baranyi-Roberts）方程拟合估计生长动力学参数（生长速率，r_{max}，cm/d；延滞期，λ，d）。而温度（T）和 A_w 则通过二级模型罗索-罗宾逊（Rosso-Robinson）方程拟合确定（T_{min}、T_{max}、T_{opt}、A_{wmin}、A_{wmax}、A_{wopt}）。为了便于建模，使用逆延滞期 $1/\lambda$，稳定 r_{max} 和 λ 之间的方差，较高的 A_w 假设为 1.0（对应纯水）。

为了模拟外在条件（T、CO_2）和内在参数（A_w、丙酸钙）对 r_{max} 和 λ 的影响，选用 Gamma 模型，建立两个模型分别描述上述因素对生长速率（r_{max}）和逆延迟期（$1/\lambda$）的影响，模型的一般形式如下：

$$CM_n(x, p_{min}, p_{opt}, p_{max})$$

$$= \begin{cases} 0.0, & x \leqslant p_{min} \\ \dfrac{(x-p_{min})^n(x-p_{max})}{(p_{opt}-p_{min})^{n-1}\{(p_{opt}-p_{min})(x-p_{min})-(p_{opt}-p_{min})[(n-1)p_{opt}+p_{min}-nx]\}}, & p_{min} < x < p_{max} \\ 0.0, & x \geqslant p_{max} \end{cases}$$

$$(1-26)$$

其中，x 是环境变量，即 T 和 A_w；p_{min}、p_{opt} 和 p_{max} 分别是各个变量的理论最小值、最适值和最大值；n 是形状参数；CM 包括 r_{max} 和 $1/\lambda$。

在培养基上进行验证时，根据烘焙产品的日常记录数据，由于贮藏条件的波动以及含奶油填充的面团持水能力的变化，T 和 A_w 是最易发生变化的。因此将 T 和 A_w 设计为变量，而 CO_{2max} 和丙酸钙的最小抑制浓度（Minimum Inhibitory Concentrations，MIC）查阅自文献，设定为 100% 和 0.25%。为了使模型包含各种环境因素的影响（如防腐剂和包装气体），增加接近生长边界的模型的稳健性，使用两个 A_w 参考条件计算 r_{max} 和 $1/\lambda$ 的参考值（r_{ref} 和 $1/\lambda_{ref}$）。这两个 A_w 的参考条件，其一是低水平（0.84），这与经过充分烘焙的奶油蛋卷的 A_w 值接近（0.82）；其二是高水平（0.90），这可能在不太理想的产品中出现。预计这两种条件都有利于真菌生长，因此可在此参考条件下进行模型模拟，此时的模型中不包含 CO_2 和丙酸钙作为变量 [式（1-27）]。

在原位（奶油蛋卷）验证中，使用完整的 Gamma 模型 [式（1-28）]，其中包括丙酸钙和 CO_2，以此得到 r_{max} 和 $1/\lambda$ 的预测值。

$$r_{max} = r_{ref} \cdot CM_2(T) \cdot CM_2(A_w) \cdot \xi(T, A_w)$$

$$\frac{1}{\lambda} = \frac{1}{\lambda_{ref}} \cdot CM_2(T) \cdot CM_2(A_w) \cdot \xi(T, A_w)$$

$$(1-27)$$

$$r_{max} = r_{ref} \cdot CM_2(T) \cdot CM_2(A_w) \cdot \left(1 - \frac{[PAU]}{MIC_u propionate}\right) \cdot \frac{(CO_{2max} - CO_2)}{CO_{2max}} \cdot \xi(T, A_w, propionate, CO_2)$$

$$\frac{1}{\lambda} = \frac{1}{\lambda_{ref}} \cdot CM_2(T) \cdot CM_2(A_w) \cdot \left(1 - \frac{[PAU]}{MIC_u propionate}\right) \cdot \frac{(CO_{2max} - CO_2)}{CO_{2max}} \cdot \xi(T, A_w, propionate, CO_2)$$

$$(1-28)$$

其中，ξ 是描述测试变量与 r_{max} 和 $1/\lambda$ 之间定量关系的特定术语。[PAU] 指未解离丙酸钙的浓度，MIC_u 指最小抑制浓度理论值。

培养基接种真菌的径向生长变化可以通过以下线性模型预测：

$$D_t = D_0, \ t \leqslant \lambda$$

$$D_t = D_0 + r_{max} \cdot (t - \lambda), \ t > \lambda \qquad (1-29)$$

其中，D_0 和 D_t 分别是实验开始时（$t=0$）和贮藏期间任何时间 t 的真菌直径（cm），λ 是延滞时间。D_0 是接种孢子悬浮液滴的直径（0.5cm）。

在经过多项实验验证后，证明该模型在预测烘焙产品中真菌生长的应用潜力。模型的稳健性还需要进一步的实验测试完善，直到能够应用于行业中，作为决策工具，便于在产品配方、货架期、物流管理中使用。

第三节 食物重要性质或质量指标

食物的本身物理性质或质量指标（Quality Indicators）是理解和预测食品加工或保藏过程中过程因素对食品影响的主要要素。这类的质量指标包括颜色、风味、质构、维生素、蛋白质组成等，这些质量指标是数学建模的主要依据。

一、流变学性质

食物的物理性质是复杂且可变的，大部分食物是非牛顿流体。食物的物理性质最终取决于加工过程。食物的力学性质，是指食物在外力作用下影响或决定食物行为的某些性质，关系到食物的加工（如输送、破碎）和食用（质地、口感）。食物受到外力作用时其内部存在一种与外力相对抗的内力使其恢复原状，此时在单位面积上存在的内力称为应力（Stress），应力的大小与外力相同，方向相反，单位为 N/m² 或 Pa。食物对应力的响应通常是形变，表示为应变（Strain），但不是绝对的。在材料科学中，形变是指由于某种原因引起的物体形状或大小的任何变化。应变是伸长量和原始长度的比值，无量纲。应力和应变之间的关系是流变学这门科学的主题。

理想形变类型有三种：

1. 弹性形变（Elastic Deformation）

这种形变随应力的施加而出现，随应力的消除而消失。对于许多材料，应变与应力成正比，至少对于中等形变值是这样。这种线性关系，按照胡克定律（Hooke's Law），由式（1-30）表示：

$$E = \frac{应力}{应变} = \frac{F/A_0}{\Delta L/L_0} \qquad (1-30)$$

式中　E——杨氏模量，Pa；

F——作用力，N；

A_0——原始横截面积，m²；

ΔL——伸长量，m；

L_0——原来的长度，m。

2. 塑性形变（Plastic Deformation）

只要应力值低于屈服应力（Yield Stress），形变就不会发生。这种形变是永久性的形变，当应力消除时，物体不会恢复到原来的大小和形状。例如，湿口香糖是一种塑性形变范围较大的食品，它可以被拉伸成原始长度的几十倍。

3. 黏性形变（Viscous Deformation）

这种形变是在应力作用下瞬间发生的，是永久性的形变。应变速率与应力成正比。

食品的应力-应变关系通常是复杂的，可以利用简化的机械类似物来描述食品的实际流变行为。这些类似物是通过将理想元素（弹性、黏性、摩擦、破裂等）串联、并联或组合而成的。在模型图示（图1-3）中，用弹簧表示理想固体（弹性）行为的，用阻尼器表示理想流体（黏性）特性，包含弹簧和阻尼器的模型可以描述黏弹性行为。图1-3列举了三种模型。麦克斯韦模型（Maxwell Model）、开尔文模型（Kelvin Model）和宾汉模型（Binghan Model）分别用来模拟应力松弛和蠕变。这些力学模型有助于建立描述和预测食品复杂流变行为的数学模型。

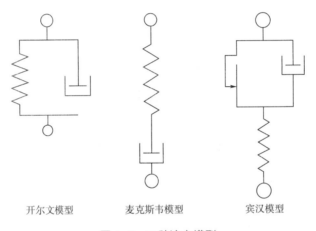

开尔文模型　　　　麦克斯韦模型　　　　宾汉模型

图1-3　三种流变模型

二、热 性 质

食品的加工、贮藏和流通，通常需要进行加热、冷却或冷冻等与食品热性质相关的加工处理，食品的热加工处理所涉及的传热过程通常是非稳态过程，那么传热的时变特征与食品的自身热性质以及相互关系是食品工程研究的重要领域。另外，食品的热性质也与食品的分子结构、化合状态密切相关，也是研究食品微观结构的重要手段。

食品热性质的主要参数包括比热、导热系数和热扩散系数。

比热 C_p［J/（kg·℃）］是最基本的热性质之一，是指在恒压下单位质量的物质温度上升或下降1℃所吸收或释放出的热量。大多数的固体和液体在相对较宽的温度范围内有较为恒定的比热；而相对于液体或固体，气体的比热则随着温度的变化而发生变化。食品的比热可以通过静态（绝热）量热法或差示扫描量热法来进行实验测定，也可以通过涉及其他热性能的测量来计算，也可以用一些经验公式相对准确地预测。例如，单位质量焓变可以用式（1-31）计算：

$$q = m\int_{T_2}^{T_1} C_p dT \tag{1-31}$$

比热有时会给出，一般是一定温度范围下的平均比热值。已知平均比热值时，式（1-31）可化为：

$$q = mC_{avg}(T_2 - T_1) \tag{1-32}$$

对于固体和液体，式（1-31）和式（1-32）在一般食品加工的温度范围内有效。

对于溶液和液体混合物组成的食品，最简单的模型假定混合物的比热等于各组分考虑贡献的总和。这些成分按类别分为：水、盐、碳水化合物、蛋白质和脂类。比热，相对于水，水为1，取盐为0.2，碳水化合物为0.34，蛋白质为0.37，脂质为0.4。水的比热为4.18kJ/(kg·K)。因此，溶液或液体混合物的比热为：

$$C_p = 4.18 \times (0.2X_{盐} + 0.34X_{碳水化合物} + 0.37X_{蛋白质} + 0.4X_{脂质} + X_{水}) \tag{1-33}$$

式中 X 表示各组分的质量分数。对于在糖水中近似溶液（如果汁）的混合物，式（1-33）变成：

$$C_p = 4.18 \times [0.34X_{糖} + 1 \times (1 - X_{糖})] = 4.18 \times (1 - 0.66X_{糖}) \tag{1-34}$$

另一种常用的模型为混合物的总干物质指定一个相对比热值为0.837kJ/(kg·K)。式（1-35）中给出了温度在冰点以上和冰点以下的经验公式：

$$C_p = 0.837 + 3.348X_{水}（冰点以上）$$
$$C_p = 0.837 + 1.256X_{水}（冰点以下） \tag{1-35}$$

食品的其他大部分热特性将在第五章中详细介绍。

三、电 学 性 质

电学性质在食品的加工中主要有两个方面的应用，其一是通过对食品电学性质的把握从而对食品的组成成分、组织和状态等品质进行更好地分析和监控；其二是在食品加工中能够有效地利用食品的电磁物理性质，具体分为利用电磁波进行加工处理、利用静电场进行加工处理和利用电阻抗进行加工处理等。电学性质中最重要的性质是导电性和介电性质。

四、结　　构

食品结构（Food Structure）按尺寸的大小可以分为宏观结构和微观结构，或称微细结构、细观结构、微结构等。食品的功能、质构和感观等特性的加工操作通常都在 $100 \sim 0.01 \mu m$ 的微细结构水平上。由于影响传递特性、物理和流变学特性以及质构和感官特性的主要因素都是在 $100 \mu m$ 以下的空间尺度，相同组分的食品由于微结构的不同，其营养功能会有很大的差异，所以进一步提高现有食品质量以及生产新产品的关键是在微观水平上的操作。因此，加工过的食品可能比原料更具营养价值，比如一些新鲜的水果或蔬菜的营养价值或许比加工过的果蔬制品低。

食物中有一些不同的结构组成：

1. 细胞结构（Cellular Structure）

果蔬和肉类食品富含细胞。这些细胞的结构，尤其是细胞壁的结构决定了食物的流变学和传递特性。

2. 纤维结构（Fibrous Structure）

即食品的物理纤维，如肉类的纤维，肉类食物咀嚼力来源于蛋白质纤维。

3. 凝胶（Gel）

凝胶是宏观上均匀的胶体系统，分散的颗粒（通常是聚合物成分，如多糖或蛋白质）与溶剂（通常是水）结合，形成半刚性的固体结构。通常是先将聚合物溶解在溶剂中，然后改变条件（冷却、浓度、交联）使溶解度降低形成凝胶。凝胶化在酸奶、乳制品甜点、蛋奶沙司、豆腐、果酱和糖果的生产中尤为重要。食品凝胶在剪切或某些加工（如冻融）下的结构稳定性是产品配方和工艺设计中的一个重要考虑因素。

4. 乳状液（Emulsion）

乳状液（图1-4）是由两相互不相溶的液体组成，其中一相为分散相，以液滴或液晶的形式出现，又称为非连续相；另一相是分散介质，又称为连续相。

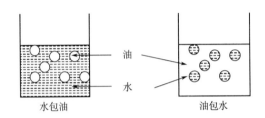

图1-4　水包油和油包水乳状液的结构示意图

乳状液存在油和水组成的两种可能性：

（1）分散相为油（水包油，O/W乳状液）　牛乳、稀奶油和冰淇淋浆料等。

（2）分散相为水（油包水，W/O乳状液）　奶油和人造奶油等。

乳状液是热力学不稳定体系，它们不是自发形成的。

5. 泡沫（Foam）

泡沫是一种物体，通过在液体或固体中捕捉气泡而形成，如一杯啤酒的顶部。在大多数泡沫中，气体的体积很大，由液体或固体的薄膜分隔气体。由于表面力的作用，泡沫表现得像固体。冰淇淋本质上是冰冻的泡沫，因为它几乎一半的体积是空气。多孔固体食品，如许多谷类产品，可被认为是固体泡沫。具有一定特性（气泡大小分布、密度、刚度、稳定性）的泡沫在含奶饮料中具有重要意义。

6. 粉末（Powder）

粉末是指 $10\sim1000\mu m$ 的固体颗粒。小颗粒通常称为尘埃，大颗粒称为颗粒。食品工业的一些产品和原料是粉末。粉末是通过粒度还原、沉淀、结晶或喷雾干燥而成的。

7. 纳米结构（Nanostructure）

天然的结构/功能元素在所有食物中含量丰富，尺寸却只有几纳米。纳米乳剂、酪蛋白胶束和几纳米厚的超薄薄膜只是食品中天然纳米材料的几个例子。虽然研究天然纳米材料的产生、结构和功能具有相当重要的意义，但是食品纳米技术主要是研究人造纳米元素的产生，这些人造纳米元素由于具有特殊的尺寸和结构，可以在食品中发挥特定的功能。

五、风　味

风味（Food Flavour）是指由进入口腔的食物带来人的包括味觉、嗅觉、痛觉及触觉等产生的综合生理效应。其中，味的分类主要有咸、甜、酸、鲜、苦、辣、涩七味。食品中的苦味物质有咖啡碱、柚皮苷、胆汁、番木鳖碱等，辣味物质有辣椒素、胡椒碱、花椒素等，涩味物质主要是单宁等多酚化合物。风味物质典型的分析方法有气相–质谱联用法、高效液相–质谱联用法、气相–傅立叶变换红外光谱联用法、气相色谱–嗅觉–质谱联用法等。

六、质　　构

食品质构（Food Texture）是食品质量和可接受性的重要组成部分，可以通过多种方式加以定义。标准定义为"通过机械、触觉、视觉和听觉可感知的产品所有的流变和结构属性"。通俗定义为"由食品的结构元素产生的一组物理特性，主要由触觉感知，与食品的变形、分解和流动有关。在力的作用下，用质量、时间和距离的函数客观地测量"。因此，食品质构是一个多参数属性。研究食品的质构能够解释食品的组织结构特性、物性变化以及为生产更优质食品提供理论依据。此外，通过食品挤压质构重组技术及生物质构重组技术可以改善食品质构以提高营养价值和经济效益。

七、水 分 活 度

根据平衡热力学定律，应按式（1-36）定义水分活度 A_w：

$$A_w = f/f_0 \tag{1-36}$$

式中　f——溶剂（水）的逸度①；

　　　f_0——纯溶剂（水）的逸度。

在低压（如室温）时，f/f_0 和 p/p_0（p 和 p_0 分别为水和纯水的蒸汽压）之间的差别小于 1%，因此根据 p/p_0 定义 A_w 也是有理由的。于是：

$$A_w = p/p_0 \tag{1-37}$$

式（1-37）仅适用于理想溶液和热力学平衡体系。然而，食品体系通常不符合上述两个条件，因此可将式（1-37）看作为一个近似，如：

$$A_w \approx p/p_0 \tag{1-38}$$

A_w 与产品环境的平衡相对湿度（ERH）有关：

$$A_w = ERH/100 \tag{1-39}$$

许多测定水活度的方法和仪器都是基于式（1-39）。食物的样品在一个封闭空间内用一个小的顶空空气进行平衡，然后用适当的湿度测量方法测量顶空的相对湿度，如"冷镜"技术。

部分食物的含水量见表1-1。

表 1-1　　　　　　　　　　部分食物的含水量　　　　　　　　　　单位:%

食物	含水量
黄瓜	95~96
番茄	93~95
圆白菜	90~92
橙汁	86~88

① 逸度是指溶剂从溶液逃逸的趋势。

续表

食物	含水量
苹果	85~87
牛乳	86~87
鸡蛋（全）	74
烤鸡	68~72
硬质干酪	30~50
白面包	34
果酱、蜜饯	30~35
蜂蜜	15~23
小麦	10~13
坚果	4~7
脱水洋葱	4~5
乳粉	3~4

[例1-2] 水分活度的测定（Wilson Castro，2018）。

关于水分活度的测定有很多例子。例如，介电性能的测量是肉类工业干燥过程中水分活度在线监测的一种有前景的方法。另外，还可利用光谱图像分析白藜麦水分活度（A_w）的可行性。为此，采用等压法将 5 个品种共 500 个样品稳定在不同的 A_w 上。接下来，获取每个组合 10 粒的高光谱图像（HSI），覆盖 400~1000nm 范围，提取每个颗粒的平均光谱。然后，由于谱线呈现线性关系，利用偏最小二乘回归（PLSR）对 $A_w>0.741$ 进行建模。从总谱中选择 300 个谱，随机分为训练集和验证集。结果表明，测定系数为 0.59~0.834，（HSI+PLSR）/$A_w>0.741$ 时更具有预测白藜麦 A_w 的潜力。此外，研究表明，选择合适的处理条件对低水分食品中的沙门菌进行热控制时，了解食品基质 A_w 随温度的变化是至关重要的。

八、玻璃态及玻璃化转变

通常将食品低于玻璃化转变温度时所处的状态称为玻璃态（Glassy State）。当食品处于玻璃态时，受扩散控制的结构松弛会极大地被抑制，食品能够在较长的时间内处于稳定状态而不发生变化。玻璃化转变（Glass Transition）是指非晶态的食品体系从玻璃态到橡胶态的转变，其中玻璃化转变温度（Glass Transition Temperature），表示为 T_g，是一项非常重要的物理参数。对于淀粉类食品，当温度低于 T_g 时，淀粉不再结晶，能够有效防止老化。在生产中可通过添加黄原胶、卡拉胶、麦芽糊精等低葡萄糖当量（DE）的食品添加剂，来提高冰淇淋的玻璃化转变温度。玻璃化转变温度的测定方法有差示扫描量热法、动力机械热分析法、动力机械分析法、核磁共振法等。

九、光学性质

食品光学性质是指食品吸收和反射光波的性质，体现在食品的颜色和光泽上。在对食物品质进行评价时，色泽往往是第一项评价内容，可以部分体现食品的新鲜度和质量优劣，而且具备诱人色泽的食品可以提高人们的食欲，满足人们对美食的心理需求。由于颜色在食品消费过程中的重要影响，在食品加工过程中，可以针对产品需求添加食用色素，改变食品的颜色。一些常见的食品光学性质检测仪器有色差仪、分光测色仪、光电管比色计、分光光度计、光电反射光度计、红外光谱分析技术和紫外光谱技术。

参 考 文 献

［1］廖为鲲 . 刍议数学模型分类和建模步骤［J］. 科技视界，2013（13）：20-20.

［2］Ifigeneia M, Kapetanakou A E, Maria G, et al. Using the gamma concept in modelling fungal growth：a case study on brioche-type products［J］. Food Microbiology, 2018：S0740002017312169-.

［3］赵学伟，魏益民，杜双奎 . 食品挤压膨胀及其对质构特性影响的数学模型［J］. 中国粮油学报，2010，25（8）：85-90.

［4］谢晶，施骏业，瞿晓华 . 食品热物性的多项式数学模型［J］. 制冷，2004，23（4）：6-10.

［5］徐君 . 食品贮藏品质数学模型的建立与应用［J］. 食品工程，2010（4）：14-15.

［6］程凤林 . 塑料包装材料迁移数学模型研究［J］. 食品科学技术学报，2011，29（4）：61-63.

［7］谭永基，蔡志杰 . 数学模型［M］. 2 版 . 上海：复旦大学出版社，2011.

［8］雷功炎 . 数学模型讲义［M］. 2 版 . 北京：北京大学出版社，2009.

［9］张锦胜，彭红 . 数据分析在食品科学研究中的应用［M］. 北京：中国轻工业出版社，2013.

［10］Toledo R T. Review of mathematical principles and applications in food processing［M］// Fundamentals of Food Process Engineering. Springer US, 2007.

［11］Ifigeneia M, Kapetanakou A E, Maria G, et al. Using the gamma concept in modelling fungal growth：A case study on brioche - type products［J］. Food Microbiology, 2018：S0740002017312169-.

第二章 CHAPTER

反应动力学

食物是一个复杂的体系，各种反应经常发生在食物内部和食物与环境之间，食物中的反应有多种分类，如化学、生化、微生物和物理变化，理想反应与不良反应，酶催化或非酶催化，等等。这些反应的发生与控制是食品加工与保藏中关乎食品质量的一个重要问题。广义上的食品质量，意味着食品应满足消费者的期望。近年来，消费者对于食品质量的要求日益严格，将质量要求融入产品和生产工艺设计之中，是食品开发和生产者面临的巨大挑战。当今产品和生产过程的设计需要灵活多样，传统的通过反复试验达到质量标准的方法不再适用。更系统的方法是使用数学建模，将设计过程想象为在使用定量模型的虚拟实验室中进行模拟，关于数学模型在食品中的应用已在第一章介绍。本章重点介绍食品加工过程中涉及的各类反应，讨论通过数学模型以定量方式研究影响食品质量的相关因素（如颜色、营养成分和安全性），这种质量方面的建模实际上是动力学建模，介绍反应动力学建模过程中用到的有关基元反应、反应速率计算、反应级数及其他反应过程中可能涉及的问题。

第一节 动力学模型

数学建模就是针对现实世界的实际问题及数据，运用数学语言，如符号、方程、公式等，在一定的假设及适当简化实际问题的情况下，将现实问题抽象为数学模型，并进行分析求解，进而解决实际问题的过程。数学模型的建立大多时候基于两类定律：一类是守恒定律，以确保模型等号成立；另一类是表示守恒量增加或减少的具体表达式。

动力学是研究化学反应速率以及各种因素对化学反应速率影响的学科，在食品领域，主要以食品加工及贮藏过程中食品原料的营养素、风味物质的化学变化，以及天然色素的降解等变化作为主要研究对象，探索如何以一个速率变化式，或者是经验的数学模型来描述这些过程及过程中的一些特性变化。动力学模型是将化学反应动力学与数学模型结合得到的一种建模类型，动力学模型早在20世纪四五十年代，甚至更早的时间就已经被应用于生物化学、生物物理等学科。

第二节 反应动力学

反应动力学，又称化学动力学（Chemical Kinetics），研究化学反应速率以及各种因素对化学反应速率的影响。化学动力学包括研究不同的反应条件如何影响化学反应的速度，并获得有关反应机制和过渡态的信息，以及建立描述化学反应特征的数学模型。

要研究反应速率就必须了解质量作用定律（Law of Mass Action）。质量作用定律于 1867 年由 G. W. Guldberg 与 P. Waage 提出，其定义为：化学反应速率与反应物的有效质量成正比，其中的有效质量实际是指浓度。基元反应遵循质量作用定律，但整体反应的速率定律必须结合各个基本步骤的速率定律推导出来，相当复杂。在连续反应中，限速反应通常决定反应动力。在连续的一级反应中，近似稳态可以简化反应速率定律。反应的活化能通过阿伦尼乌斯方程（Arrhenius Equation）和艾林方程（Eyring Equation）的实验确定。影响反应速率的主要因素有反应物的物理状态、反应物的浓度、反应发生的温度以及反应中是否存在催化剂。

速率方程显示了反应速率对反应物浓度和其他物质浓度的依赖关系。根据反应机制，由不同的数学形式表征。实验确定了反应的实际速率方程，并反映出反应机制的信息。速率方程的数学表达式通常由式（2-1）给出：

$$r = kc_A^x c_B^y \tag{2-1}$$

式中，r 是速率。x 和 y 为反应的分级数，称反应对物质 A 为 x 级，对物质 B 为 y 级，$x+y$ 称为反应级数。c_A 和 c_B 为反应物的摩尔浓度。k 是反应速率常数，要通过实验求得。

一、基元反应和非基元反应

基元反应是一种简单反应，其中一种或多种化学物质直接反应一步形成产物，并且只有一个单一的过渡态。在实际操作中，如果没有检测到反应中间体或需要假设反应在分子水平上描述该反应，则假定该反应为基元反应。一个表面看起来是基元反应的反应实际上可能是一个逐步反应，即一系列复杂的化学反应，其反应中间体的寿命是可变的。

在单分子基元反应中，A 分子解离或异构形成产物：

$$A \rightarrow 产物 \tag{2-2}$$

在恒定温度下，其反应速率与 A 物质的浓度成正比：

$$-\frac{dc_A}{dt} = kc_A \tag{2-3}$$

在双分子基元反应中，两个原子、分子、离子或自由基，A 和 B，一起反应形成产物：

$$A+B \rightarrow 产物 \tag{2-4}$$

在恒定温度下，其反应速率与物质 A 和 B 的浓度乘积成正比：

$$-\frac{dc_A}{dt} = -\frac{dc_B}{dt} = kc_A \cdot c_B \tag{2-5}$$

非基元反应由一系列基元反应组成。其中每个基元反应的动力学都会影响总变化的速率，而非基元反应往往被视为一个黑箱，只考虑反应物进入黑箱的消失速率或最终产物的生成速率。我们把非基元反应称为整体反应。美拉德反应中黑色素的形成或微生物的热失活都是非基元反应。美拉德褐变速率通常表示为中间分子［如羟甲基糠醛（Hydroxymethylfurfural，HMF）］的生成速率。食品加工中大多数反应都属于整体反应类型。

二、反　应　级　数

化学反应的速率定律或速率方程是将反应速率与反应物的浓度或压力以及常数参数（通常为速率系数和部分反应级数）联系起来的方程。对于许多反应，速率由式（2-1）给出。式中c_A、c_B分别表示A、B两种物质的浓度，通常以mol/L表示。x和y是A和B的部分反应级数，整个反应级数是指数的和。在单分子反应中，分子A可逆生成B。

$$A \rightleftharpoons B \tag{2-6}$$

该反应中A的消耗速率可以表示为：

$$-\frac{dc_A}{dt} = kc_A^n \tag{2-7}$$

式（2-7）中的指数n称为反应级数，反应级数通常是正整数，但也可能是零、小数或负数。常数k是反应速率常数或者反应速率系数，单位与反应级数有关。其值可能取决于温度、离子强度、吸附剂的表面积或光辐照等条件。

基元（单步）反应的反应级数等于每种反应物的化学计量系数。总的反应级数，即反应物的化学计量系数之和，总是等于基元反应的分子数。复杂（多步）反应的反应级数可能等于或不等于它们的化学计量系数。下面以零级、一级、二级反应为例推导相关速率方程。

（一）零级反应

零级反应对应式（2-7）中$n=0$的情况，其反应速率与反应物消耗速率相等，且与反应物的浓度无关，即

$$r = -\frac{dc_A}{dt} = k \tag{2-8}$$

对式（2-8）两边积分得零级反应的动力学方程：

$$c_A = c_{A_0} - kt \tag{2-9}$$

由式（2-9）可知，对于零级反应，底物量与时间呈线性相关（图2-1）。在该动力学方程中反应速率常数k的量纲为mol/(L·s)。

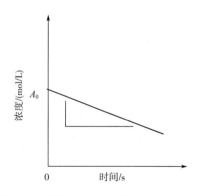

图2-1　零级反应动力学A–t关系曲线

在食品变化中零级反应并不常见，尤其是生成的产物量仅为反应物量的一小部分或是仅有少量的产物由反应物形成时，反应物过量，即反应速率与反应物浓度无关，可以看作零级反应。某些情况下的非酶褐变、焦糖化以及脂质氧化都属于零级反应。

（二）一级反应

一级反应（图2-2）即 $n=1$，反应速率与反应物浓度的一次方成正比，其速率方程如下：

$$r = -\frac{dc_A}{dt} = kc_A \qquad (2-10)$$

等式两边积分得：

$$c_A = c_{A_0}e^{-kt} \text{ 或 } \ln\frac{c_A}{c_{A_0}} = -kt \qquad (2-11)$$

在一级反应中，反应速率常数 k 的量纲为 s^{-1}，其在数值上等于时间常数（τ）的倒数，即 $k = 1/\tau$，时间常数是随时间呈指数形式变化系统中的固定参数，时间常数越大，系统反应越慢。食品中的一级反应包括维生素 C（抗坏血酸）的降解，食物颜色的褪去，热加工过程中食物质地的软化等。

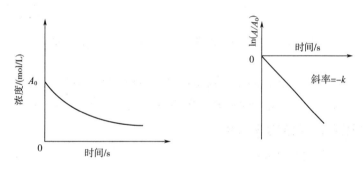

图2-2 一级反应动力学 A-t、$\ln(A/A_0)$-t 曲线

[例2-1] 维生素 C（抗坏血酸）在加工过程的降解反应。

已知维生素 C 在加工过程中的降解过程符合一级反应动力学。假设在116℃下，维生素 C 的破坏以时间常数为67min 的指数形式变化。若维生素 C 初始含量为 50 mg/100g 食物，那么要保证116℃加工 30min 后剩余维生素 C 含量为 40 mg/100g 食物，则初始每 100 g 食物需要额外添加多少毫克维生素 C？

解：已知维生素 C 降解反应符合一级反应动力学，则 t 时间剩余维生素 C 的量由式（2-11）得到：

$$c_A = c_{A_0}e^{-kt}$$

其中，速率系数 k 是时间常数的倒数，即 $k = 1/\tau = 1/67/\text{min}$。

若要保证加工 30min 后剩余维生素 C 量至少 40mg/100g 食物，则初始维生素 C 含量应为：

$$c_{A_0} = \frac{c_A}{e^{-kt}} = \frac{40}{e^{-\frac{30}{67}}} = 62.6 \text{（mg/100g 食物）}$$

那么，需要添加的维生素 C 量为：

$$62.6-50=12.6 \text{（mg/100g 食物）}$$

（三）二级反应

二级反应（图 2-3）的 $n=2$，反应速率与反应物浓度的平方成正比：

$$r = -\frac{dc_A}{dt} = kc_A^2 \tag{2-12}$$

等式两边积分得：

$$\frac{1}{c_A} - \frac{1}{c_{A_0}} = kt \tag{2-13}$$

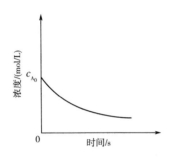 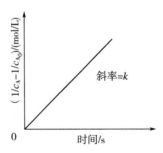

图 2-3　二级反应动力学 c_A-t、（$1/c_A$-$1/c_{A_0}$）-t 曲线

在二级动力学反应中，速率常数 k 的量纲为 L/（mol·s）。二级反应最为常见，如乙烯、丙烯、异丁烯的二聚反应，乙酸乙酯的水解，甲醛的热分解等，都是二级反应。

（四）多反应物/产物的速率方程

两个反应物、两个产物的反应：

$$aA + bB \rightarrow cC + dD \tag{2-14}$$

该反应的反应速率表示如下：

$$r = \frac{dc_C}{dt} = \frac{dc_D}{dt} = -\frac{dc_A}{dt} = -\frac{dc_B}{dt} \tag{2-15}$$

例如，醋酸的生产：

$$C_2H_5OH + O_2 \rightarrow CH_3COOH + H_2O$$

则醋酸的生成速率可表示为：

$$r = \frac{dc_{CH_3COOH}}{dt} = \frac{dc_{H_2O}}{dt} = -\frac{dc_{C_2H_5OH}}{dt} = -\frac{dc_{CO_2}}{dt} \tag{2-16}$$

（五）多步反应

以下面的反应为例：

$$A \rightarrow B \rightarrow P \tag{2-17}$$

A、B、P 的浓度变化曲线如图 2-4 所示。

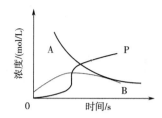

图 2-4　多步反应中各反应物与产物浓度随时间变化曲线

从基本反应的准稳态假设出发，通常可以从理论上推导出具有多步反应机制的反应速率方程，并与实验速率方程进行比较，以验证所假设的反应机制。这个方程可能包含一个分数级，并且可能取决于中间物质的浓度。

如果速率不是简单地与反应物浓度的某次方成正比，那么反应对反应物的反应级数则很难确定。例如，在吸附分子间的双分子反应速率方程中的反应级数无法讨论，如式（2-18）所示。

$$r = k \frac{k_1 k_2 c_A c_B}{(1 + k_1 c_A + k_2 c_B)^2} \tag{2-18}$$

式中　c_A，c_B——反应物 A、B 的浓度，mol/L；

　　　　k_1，k_2——反应速率常数，s^{-1}。

反应的级数不能从反应的化学方程式推导出来，必须通过实验来确定。

三、温度对反应动力学的影响

温度通常对化学反应的速率有很大的影响。温度较高的分子有更多的热能。虽然在较高温度下碰撞频率较大，而仅这一点对反应速率的增加贡献很小。化学反应速率常数与温度的关系可以用阿伦尼乌斯方程（Arrhenius Equation）表示：

$$k = A e^{-\frac{E_a}{RT}} \tag{2-19}$$

式中　k——温度为 T 时的反应速率常数；

　　　　A——指前因子，又称阿伦尼乌斯常数，其单位与 k 相同；

　　　　R——通用气体常数，8.314J/（K·mol）；

　　　　T——热力学温度，K；

　　　　E_a——表观活化能，J/mol。

活化能实际上代表反应速率对温度变化的敏感性。如果 k_1 和 k_2 分别表示温度 T_1 和 T_2 下的反应速率常数，另一种形式是：

$$\ln \frac{k_2}{k_1} = \frac{E_a(T_2 - T_1)}{R T_1 T_2} \tag{2-20}$$

阿伦尼乌斯方程的图形表示如图 2-5 所示：

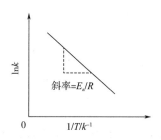

图 2-5　阿伦尼乌斯方程中 $\ln k$–$1/T$ 关系曲线

当反应速率常数遵循阿伦尼乌斯方程，$\ln k$ 对 $1/T$ 给出了一条直线，其斜率和截距可以用来确定 E_a 和 A。这一过程在化学动力学实验中非常普遍，常用来计算反应的活化能。

[例 2-2]　烹饪对牛肉中维生素 B_3（烟酸）和维生素 B_6（吡哆胺）损失的影响。

维生素 B_3 和维生素 B_6 参与各种代谢功能，如维生素 B_3 在生物体的氧化还原反应中充当辅酶，维生素 B_6 参与氨基酸代谢中的氨基酸转移反应。肉制品中含有丰富的维生素 B_6 和维生素 B_3 的前体物质，但烹饪会造成二者的损失。由于加热方法的不同，文献数据无法用于预测肉类 B 族维生素的损失。此外，纯实验方法的应用非常有限，因为它不能考虑所有的实际可能情况：切肉尺寸、烹饪过程、设备边界条件等，因此建模是一个很好的解决这种情况的方法，A. Kondjoyan 等用动力学模型的方法研究了烹饪对牛肉中维生素 B_3 和维生素 B_6 损失的影响。

模型中假设维生素的损失只发生在液相中，蒸发不会造成这些损失。此外，由于实验是在水浴或注入蒸汽条件下进行的，因此在实验过程中蒸发可以忽略或非常有限。

在这些假设下，假设肉制品的热扩散系数 D 恒定，则产品的温度为：

$$\frac{\partial T}{\partial t} = D\Delta T \tag{2-21}$$

肉中 B 族维生素浓度的局部变化依赖于汁液排出和热变性：

$$\frac{dc}{dt} = \left(\frac{dc}{dt}\right)_{排出} + \left(\frac{dc}{dt}\right)_{热变性} \tag{2-22}$$

式中，c 为肉类中维生素 B_3 和维生素 B_6 的局部浓度，以干基表示。汁液损失与水分排出有关，肉类内部水分含量 X 的变化也以干基表示，计算公式见式：

$$\frac{dX}{dt} = -k_{排出}(T,\ d)\left[X - X_{eq}(T)\right] \tag{2-23}$$

式中，$k_{排出}(T,\ d)$ 依赖于局部肉温以及从采样点位置到肉块表面的距离。这里没有给出描述这种依赖关系的函数和参数。$X_{eq}(T)$ 为"无限加热时间"后得到的平衡含水量；当 $X = X_{eq}(T)$ 时即停止排汁。利用这一结果，测定了汁液排出引起的维生素浓度的局部变化：

$$\left(\frac{dc}{dt}\right)_{排出} = -k_{排出}(T,\ d)\frac{\left[X - X_{eq}(T)\right]}{1 + X_0}c_{汁液},\ X > X_{eq}(T) \tag{2-24}$$

式（2-24）中 $c_{汁液}$ 是排出汁液中 B 族维生素的浓度，以肉类干物质为基础表示。

假设肉类中 B 族维生素的热变性速率（dc/dt）遵循一级动力学，变性反应速率常数 $k_{热变性}$ 通过阿伦尼乌斯方程依赖于肉类局部温度。当变性的机制还不完全清楚的时候，一级反应是经典假设的最简单模型，这里就是这种情况。

在这些假设下，通过加入式（2-23）和（dc/dt）$_{热变性}$，由汁液排出和热变性引起的维生素

B 浓度的局部变化为：

$$\left(\frac{dc}{dt}\right) = -k_{排出}(T,\ d)\frac{[X - X_{eq}(T)]}{1 + X_0}c_{汁液} - k_{热变性}c,\ X > X_{eq}(T) \tag{2-25}$$

$$k_{热变性} = A_{排出}(-E_a/RT) \tag{2-26}$$

当 $X = X_{eq}(T)$ 不再排出时，B 族维生素的损失仅仅是热变性造成的。考虑到 $c_{汁液}$ 的值是恒定的，分析了 $c_{汁液}$ 对 B 族维生素损失的影响。这一假设后来得到了验证，它与本书所采用的简化方法一致，如对传质模型的简化方法。这是合理的，因为从文献中得知，汁液的排出比 B 族维生素的热变性要快。$c_{汁液}$ 在实验的第一步进行评估，在参数识别过程中可以在 $0.1c_0$ 和 c_0 之间变化。假设汁液中 B 族维生素的浓度（以肉类干物质为基础表示）不能高于肉类中 B 族维生素的浓度，而选择 $0.1c_0$ 是为了确保汁液中 B 族维生素的浓度高于该值。通过计算肉的局部温度 T，将传热模型与传质模型结合式（2-24）~式（2-25）。传热模型采用诺伊曼（Neumann）边界条件。

四、物理反应模型

物理过程通常会导致食品质量变化，如乳状物分层、沉淀、破碎、黏度变化、生物聚合而发生的凝胶化、结晶和水分迁移等。由于这些物理变化更加复杂，并且可能伴有化学变化，因此建立针对这些物理现象的数学模型比较困难。

介绍两个预测分散体系黏度的模型，一个是由 Einstein 推导的稀释分散体的方程：

$$\frac{\eta}{\eta_s} = 1 + 2.5\varphi \tag{2-27}$$

式中　η——分散体系的黏度，$Pa \cdot s$；

　　　η_s——溶剂的黏度，$Pa \cdot s$；

　　　φ——相所占的体积分数（相对于总体积），%。

这个公式中，只有 φ 对于黏度有重要的影响，而颗粒的大小对其没有影响。然而此公式只适用于很稀的分散体系中（$\varphi < 0.01$），因此不是很适合于食品体系。对于更多的高浓度分散体系中，经验关系式埃勒斯（Eilers）方程适用：

$$\frac{\eta}{\eta_s} = \left[1 + \left(\frac{1.25\varphi}{1 - \dfrac{\varphi}{\varphi_{max}}}\right)\right]^2 \tag{2-28}$$

式中　φ_{max}——假设的可能被紧密堆积的具有代表性颗粒占用的最大体积分数，%。

式（2-28）中相关符号同式（2-27），该式在食品体系中非常好用。例如，可以应用于预测含有不同体积分数的酪蛋白胶粒的脱脂牛乳的黏度，也可用来描述分散颗粒对酪蛋白酸盐复合材料的形变性能影响。因此，只要知道分散颗粒的体积分数，就可运用式（2-28）预测食品的流变性质。

还有一些数学模型用来描述物理现象，如聚集和絮凝、结晶动力学、干燥和脱水等。需要注意的一个关键点是，物理的质量指标经常涉及简单的化学反应，如食品的质构变化。例如，在马铃薯的烹饪过程中组织软化的原因是由非常复杂的过程导致的，其中一个原因是果胶降解。上述现象可以建立一阶动力学模型，然后在阿伦尼乌斯方程中估算出速率常数，随后推导出活化能。

五、酶催化反应

酶催化反应的机制是降低反应的活化能，加快反应速率。酶催化反应受很多因素影响，如温度、pH、酶和底物的浓度、激活剂、抑制剂等。底物浓度的改变，对酶催化反应速度的影响较为复杂，可以用米氏方程表示：

$$V = V_{max} \frac{S}{K_m + S} \tag{2-29}$$

式中　V——反应速率，mol/（L·s）；

　　　V_{max}——酶被底物饱和时的反应速率，mol/（L·s）；

　　　K_m——米氏常数，mol/L；

　　　S——底物浓度，mol/L。

米式方程的图形表示如图 2-6 所示：

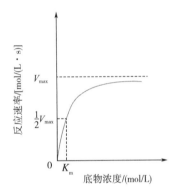

图 2-6　米氏方程中 V-c_s 关系曲线

如图 2-6 所示，酶促反应过程中，当底物浓度低时，酶促反应为一级反应；当底物浓度在中间范围时，酶促反应为混合级反应；当底物浓度继续增加时，酶促反应由一级反应向零级反应过渡。

在一定的温度和 pH 条件下，当底物浓度足以使酶饱和时，酶浓度与酶促反应速度呈正比关系如图 2-7 所示。

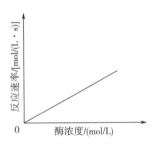

图 2-7　底物浓度使酶饱和时酶浓度与酶促反应速度关系曲线

温度影响酶促反应的速度，在一定范围内，反应速度随温度升高而加快。温度超过一定范围后，酶受热变性的因素占主导，反应速度随温度上升而减慢。通常将酶促反应速度达到最大的某一温度范围称为酶的最适温度（图 2-8）。

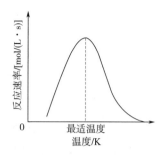

图 2-8 温度对酶反应速率的影响

pH 对酶促反应的影响类似于温度对酶促反应的影响，也为钟罩形曲线（图 2-9）。pH 影响酶活性中心的解离状态从而影响酶反应速率，过酸、过碱影响酶分子的结构，甚至使酶变性失活。因此，在食品工业中可以通过调整 pH 来控制酶活力。

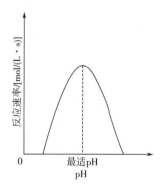

图 2-9 pH 对酶反应速率的影响

酶制剂在食品工业中广泛应用，如利用木瓜酶的酶促反应，把食品中的大分子营养物质蛋白质、脂肪、纤维素等水解成小分子物质氨基酸或多肽；利用葡萄糖氧化酶代替化学氧化剂和脂肪酶强化面筋，使面团更稳定，面包品质更好；在葡萄酒工业中，涉及淀粉酶、糖苷酶、纤维素酶、葡聚糖酶、半纤维素酶、果胶酶、蛋白酶、葡萄糖氧化酶和过氧化氢酶等的应用。酶促反应具有高效和高特异性的特点。

[例 2-3] 乳脂肪酶解动力学（Irene Peinado，2018）。

胰腺功能不全是一种临床表现，其特征在于胰腺不能将足够的胰酶释放到小肠中，这是消化腔内营养所必需的。消化酶的缺乏导致难以吸收营养物质，这些营养物质导致婴儿营养不良和生长发育迟缓。这些患者通常需要口服酶以促进脂肪分解并从食物中吸收脂质。然而，许多食物的相关因素（基质、脂肪类型等）和消化环境（肠道 pH、胆汁浓度等）将影响营养素的消化率。pH-Stat 滴定法与静态系统相结合是一种经典的研究体外消化的方法，通过直接提供反应动力学参数，可以监测"体外"消化的肠道阶段，乳化脂质的消化取决于不同的参数，如它们的组成、结构性质、界面大小、酶对界面层的亲和力等。反应速率与底物（S）和酶（E）的浓度满足式（2-30）：

$$V = \frac{K_{\text{cat}} \cdot E_0 \cdot S}{K_{\text{m}} + S}$$　　　　　　(2-30)

式中　V——反应速率，μmol/（mL·min）；

　　　K_{cat}——催化常数，s^{-1}；

　　　K_{m}——米氏常数，mmol/L；

　　　S——底物浓度，mmol/L；

　　　E_0——初始酶浓度，mmol/L。

采用体外消化模型表征了酶制剂催化乳脂肪脂解的动力学过程。以不同种类的全脂牛乳作为酶解底物，模拟不同肠道条件 pH（6、7、8）和胆汁浓度（1、5、10mmol/L），使用固定浓度的补充剂。通过对不同 pH 和胆汁浓度下反应速率与底物浓度的关系作图，拟合到米氏方程中获得米氏常数 K_{m} 和催化常数的对应值 K_{cat}。采用 pH 法成功地监测了牛乳体外消化过程中游离脂肪酸的释放。随着 pH 和胆汁浓度（pH 7/10mmol/L ~ pH 8/10mmol/L）的增加，米氏常数（K_{m}）降低，脂解反应速率（V）增加。获得脂肪–牛乳水解动力学的信息，可以估计底物数量，以优化酶活性补充所需的不同肠道条件下的 pH 和胆汁浓度。

六、微生物的生长

微生物的生长是指活细胞数目的增加或生物量的增加，若生物量或细胞增长 1 倍的时间间隔是常数，则微生物呈指数形式增长，可以用数学模型描述。本节主要介绍微生物生长的动力学。微生物生长动力学可反映出细胞适应环境变化的能力。

罗杰斯蒂（Logistic）生长曲线最初是由比利时数学家 P. F. Verhulst 在 1838 年推导出来的，但被长期覆没，直到 20 世纪 20 年代才被 R. Pearl 和 L. J. Reed 重新发现。其特点为开始生长时较为缓慢，接着在一定范围内迅速生长，达到一定限度后又缓慢生长，曲线略显拉长的"S"形，因此也称为 S 曲线。其表达如式（2-31）：

$$\frac{\mathrm{d}X}{\mathrm{d}t} = \mu_{\text{max}} X \left(1 - \frac{X}{X_{\text{m}}} \right)$$　　　　　　(2-31)

式中　X——菌体浓度，g/L；

　　　X_{m}——最大菌体浓度，g/L；

　　　μ_{max}——最大比生长速率，s^{-1}；

　　　t——时间，s。

该 S 曲线能够较好地反映出在分批发酵过程中由于菌体浓度的增加对菌体本身的生长抑制作用。

微生物生长曲线如图 2-10 所示，曲线可分为四个阶段，即迟缓期、对数生长期、稳定期和衰亡期。当微生物进入新的生长环境后，需要有一段时间来适应，在这一过程中，微生物生长缓慢，其菌体浓度基本不变，此为延缓期；微生物适应了生长环境后，由于培养基内营养丰富，且此时微生物数量少，排出的有害物质少，因此微生物进入迅速生长和大量繁殖阶段，菌体密度呈对数生长，此时进入对数生长期；一段时间的高速繁殖后，培养基内营养物质被大量消耗，有害物质逐渐积累，微生物的生长繁殖受到限制，有菌体开始死亡，新生的菌体数量与死亡的数量趋于平衡，这是稳定期的特点；当培养基内营养物质消耗殆尽，有害物质大量的积累，导致微生物不能正常的生长繁殖，菌体大量死亡，菌体密度显著下降，进入衰亡期。

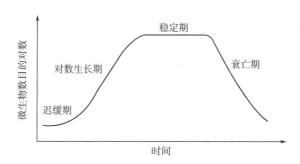

图 2-10 微生物生长曲线

微生物生长的动力学遵循莫诺（Monod）方程（图 2-11）：

$$\mu = \mu_{max} \frac{S}{K_s + S} \qquad (2-32)$$

式中 μ——比生长速率，s^{-1}；

S——限制性基质浓度，g/L；

μ_{max}——最大比生长速率，s^{-1}；

K_s——饱和常数，为当 $\mu = \mu_{max}/2$ 时的基质浓度，g/L。

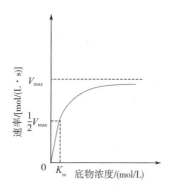

图 2-11 细胞的比生长速率与限制性基质浓度的关系

Monod 方程是典型的均衡生长模型，其基本假设如下：

（1）细胞的生长为均衡式生长，因此描述细胞生长的唯一变量是细胞的浓度；

（2）培养基只有一种基质是生长限制性基质，而其他组分为过量不影响细胞的生长；

（3）细胞的生长视为简单的单一反应，细胞得率为一常数。

Contois 模型也可以用来表示菌体生长动力学。其表达式为：

$$\frac{dX}{dt} = \frac{\mu_{max} XS}{K_s X + S} \qquad (2-33)$$

从方程的表达式来看，Contois 模型是在 Monod 方程的基础上，将底物抑制常数 K_s 乘以菌体浓度 X。表明发酵过程中的抑制作用并非一成不变，而是随菌体浓度的变化而发生变化。这一点符合实际生产发酵情况，是对 Monod 方程的一个改进。此公式对食品工业污水处理很重要。

另外一个常用的预测食品中细菌生长能力和保质期的生长模型是修正的冈珀茨（Gompertz）模型，这是一个双指数函数，模型表述为：

$$\ln N = A + C \times \exp\{-\exp[-B(t-M)]\} \tag{2-34}$$

式中　$\ln N$——微生物在时间 t 时常用的对数值；

　　　C——随时间无限增加时菌增量的对数值；

　　　A——随时间无限减小时微生物的对数值（相当于初始菌数）；

　　　B——在时间 M 时最大生长速率，h^{-1}；

　　　M——达到最大生长速率所需要的时间，h。

Logistic 模型和 Gompertz 模型比较适合描述适温条件下微生物的生长，这是因为较早的预测微生物学模型主要侧重于研究食品中病原菌的生长。Gompertz 模型未考虑延滞期的影响，预测准确性存在问题。

巴拉尼 & 罗伯茨（Baranyi & Roberts）模型（以下简称 Baranyi 模型）的表述为：

$$N = N_{\min} + (N_0 - N_{\min}) e^{-k_{\max}[t-B(t)]} \tag{2-35}$$

$$B(t) = \int_0^t \frac{r^n}{r^n + s^n} ds \tag{2-36}$$

式中　N——t 时微生物数量；

　　　N_0——初始微生物数量；

　　　$N_{\min}$——最小微生物数量；

　　　$k_{\max}$——最大相对死亡率；

　　　r，s——参数。

该模型只考虑细胞生长过程中的一个参数。式（2-35）描述了微生物数量随时间的变化，式（2-36）描述了微生物生长延滞期阶段。该模型使用方便，模型中的参数与微生物生理状态有关，理论上，模型的参数越多，预测的准确性越高，但参数过多势必导致模型使用不便并增加工作量，而 Baranyi 模型既能准确预测，参数量也较少，且适用于多种情况，因此 Baranyi 模型在预测食品微生物领域应用的越来越广泛。

七、微生物杀菌过程及相关参数

导致食品腐败变质的一个主要原因是由于微生物的生长繁殖，为了保证食品在一定货架期内的口感、风味、色泽等不发生变化，需要对食品进行灭菌处理，因此引入灭菌过程中的微生物致死曲线。

常用的灭菌方法有化学试剂灭菌、辐照灭菌、干热灭菌、湿热灭菌和过滤除菌等。无论何种灭菌方法，菌体剩余量都会随时间减少。以热灭菌为例，设定几个参数来表示灭菌过程，D 值代表微生物减少 90% 所需的时间；Z 值代表将 D 值降低 90% 所需提高的温度；F 值代表在特定温度下，微生物被全部杀死所需的时间。假设灭菌开始时的初始总菌体量为 N_0，每一段时间内的细菌存活概率为 P，且每段时间存活概率互不影响，则 t 时间后菌株存活量为：

$$S(t) = N_0 \times P^t \tag{2-37}$$

等式两边取对数，

$$\lg S = \lg N_0 + t \lg P \tag{2-38}$$

令 $\lg P = -\dfrac{1}{D}$，则

$$\lg S = \lg N_0 - \frac{t}{D} \tag{2-39}$$

$$S = N_0 \times \mathrm{e}^{-\frac{t}{D}} \tag{2-40}$$

若令 $\ln P = -k$，由换底公式得

$$\lg P = \frac{\ln P}{\ln 10} = -\frac{k}{2.303} = -\frac{1}{D} \tag{2-41}$$

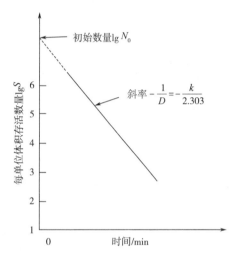

图 2-12　一定温度下细菌存活数目的对数 $\lg S$ 随时间的变化情况

式（2-41）、图 2-12 可知，当每一段时间内的细菌存活概率 P 不变时，$-\dfrac{1}{D}$ 为常数，此时式（2-40）中菌株存活量与时间 t 的关系符合一级反应动力学模型，但由于微生物的种类多样且反应容器传热不均匀，导致每升温一定时间细菌的存活率不相等，即 P 值不固定，因此实际过程中的杀菌过程不属于一级反应动力学。但可以通过韦布尔（Weibull）分布校正杀菌过程的一级反应动力学。

八、概　率　分　布

（一）韦布尔（Weibull）分布

Weibull 分布是进行可靠性分析和检验寿命长短的理论基础。在灭菌过程中微生物存活数量 $S(t)$ 随灭菌时间的变化由 Weibull 分布表示为

$$S(t) = \exp\left[-\left(\frac{t}{\alpha}\right)^{\beta}\right], \ t, \ \alpha, \ \beta > 0 \tag{2-42}$$

式中，α 为比例参数，是时间的特征参数，代表微生物数量减少 90% 所需的时间，与前文出现的 D 意义相同；β 为形状参数，β 的改变会导致分布曲线形状的变化（图 2-13）。

对式（2-42）两边取对数，

$$\lg[S(t)] = -\frac{1}{2.303}\left(\frac{t}{\alpha}\right)^{\beta} \tag{2-43}$$

Weibull 分布是一个经验模型。其中的 α、β 与 pH、温度、水分活度、压力、离子强度有关。

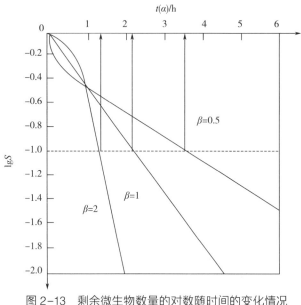

图 2-13　剩余微生物数量的对数随时间的变化情况

注：α 为微生物数量减少 90% 所需的时间。

[**例 2-4**]　基于细菌抗药性的混合双 Weibull 分布，用于描述各种形状的灭活曲线的一般模型（Coroller L.，2006）。

当细菌由于不利的环境条件引起非热失活时，其存活曲线随应激的强度不同显示不同的凹凸性。怀廷（Whiting）模型可以满足部分非热失活的分析，为更好地模拟非热失活曲线，建立一种新的失活模型，将在群体的各种生理状态下的数据与 Whiting 的模型进行比较。

以从盐水分离的肠炎沙门菌血清型鼠伤寒沙门菌（*Salmonella enterica*）菌株 ADQP305 和从肉制品分离的单核细胞增生李斯特菌（*Listeria monocytogenes*）菌株 SOR100 为研究对象，为了研究细菌的生理状态对灭活的影响，在不同的生长阶段除去细胞。对 BHI 肉汤进行了改进，以产生导致失活的应激条件，将微生物接种到 100mL 的改良 BHI 肉汤中，在接种后适当的时间间隔内，对剩余微生物进行平板培养。

模型检验：

（1）Whiting 模型　Whiting 模型来自 Kamau 等人提出的模型。它依赖于两个具有不同抗压水平的亚群的共存。

$$N(t) = N_0 \left[f \frac{1 + e^{-k_1 \cdot t_{\text{lag}}}}{1 + e^{-k_1 \cdot (t - t_{\text{lag}})}} + (1 - f) \frac{1 + e^{-k_2 \cdot t_{\text{lag}}}}{1 + e^{-k_2 \cdot (t - t_{\text{lag}})}} \right] \tag{2-44}$$

其中，t 是时间，N_0 是初始细菌浓度，f 是主要亚群占初始菌群的分数，t_{lag} 是死亡潜伏时间，k_1 和 k_2 分别是主要亚群和次要亚群的失活率。

（2）Weibull 模型　过去几十年在热处理研究和非热处理研究中，Weibull 模型已被广泛用于描述细菌对热应激的抵抗力。这里提出重新参数化 [式（2-45）]，并将其用于本教材研究。

$$N(t) = N_0 \cdot 10^{-\left(\frac{t}{\delta}\right)^p} \tag{2-45}$$

其中，N 是细菌存活的数量，N_0 是接种量，t 是时间，p 是形状参数，δ 是细菌量减少 90% 所用的时间。

为了描述各种形状的失活动力学曲线，假设群体由具有不同抗应激能力的两个亚群组成。假设每个亚群的抗性遵循 Weibull 分布。然后可以通过式（2-46）描述剩余细菌量：

$$N(t) = N_0 \left[f \cdot 10^{-\left(\frac{t}{\delta_1}\right)^{p_1}} + (1-f) \cdot 10^{-\left(\frac{t}{\delta_2}\right)^{p_2}} \right] \tag{2-46}$$

下标 1 和下标 2 表示两个不同的亚群。亚群 1 对应激较亚群 2 更敏感（$\delta_1 < \delta_2$）。f 是群体中亚群 1 的占比。

对于从 0 到 1 变化的分数 f，无法产生足够的差异。为了具有更具区别性的参数，引入了从负无穷大到正无穷大的新参数（α）：

$$\alpha = \lg\left(\frac{f}{1-f}\right) \tag{2-47}$$

这个方程等价于

$$f = \frac{10^\alpha}{1 + 10^\alpha} \tag{2-48}$$

通过该变换，当 $f = 0.999999$ 时对应 $\alpha = 4$，当 $f = 0.999900$ 时对应 $\alpha = 6$。这相当于亚种群 2 的初始大小增加了 100 倍。在引入该值之后，式（2-46）变为：

$$N(t) = \frac{N_0}{1 + 10^\alpha} \left[10^{-\left(\frac{t}{\delta_1}\right)^{p_1} + \alpha} + 10^{-\left(\frac{t}{\delta_2}\right)^{p_2}} \right] \tag{2-49}$$

（3）双 Weibull 简化模型　当在低浓度下进行计数时，曲线的右侧部分（对应于更具抗性的亚群——亚群 2）似乎是凸起的，与更敏感的亚群 1 的曲线相似。因此，将相同的形状参数应用于两个子群可以使模型简化。最终的模型是：

$$N(t) = \frac{N_0}{1 + 10^\alpha} \left[10^{-\left(\frac{t}{\delta_1}\right)^{p} + \alpha} + 10^{-\left(\frac{t}{\delta_2}\right)^{p}} \right] \tag{2-50}$$

模型建立完成后，通过参数估计、置信区间等来评估模型的优越性。比较了 Whiting 模型和两个新提出的模型用于描述在培养期间细菌存活情况的准确性。对比发现，双 Weibull 简化模型更能适应多种情况，可以描述双相非线性形状（$p > 1$），以及双相线性情形（$p = 1$）。双 Weibull 简化模型的优点之一是所有模型参数都可以用图形来描述（图 2-14）。双 Weibull 简化模型能够使细菌适用于大多数形状的失活曲线，通过使用 $-\alpha$ 或 $\alpha < \lg\,(N_0/\text{检测限})$ 或两个 δ 值之间相等将双 Weibull 模型简化为简单模型。

需要进一步研究以允许在非热灭活研究中使用双 Weibull 模型。Weibull 模型的优势在于它具有很大的灵活性，因为比例参数（α）和形状参数（p）之间有很强的相关性。特别要注意的是，p 取决于环境因素和细胞生理状态，在某些热处理情况下，p 为常数。如果估计 p 在不同的应激条件下是恒定的，参数 δ 能够平衡这种约束条件从而提供良好的数据模型拟合度。如果这种现象可以在非热失活研究中得到验证，则应用双 Weibull 模型仅通过三个参数就能描述细胞生理状态与应激条件之间的动力学函数（图 2-14）。

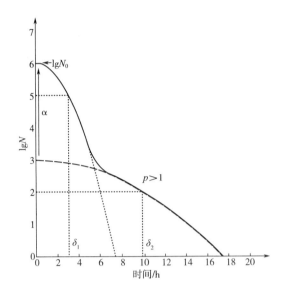

图 2-14　基于双 Weibull 抗药性分布的生存模型图

—— 微生物种群　⋯⋯ 亚群 1　- - - 亚群 2

注：亚群 1 代表对应激更敏感的细菌，亚群 2 代表更具抗性的细胞。

（二）麦克斯韦-玻尔兹曼（Maxwell-Boltzmann）分布

麦克斯韦-玻尔兹曼分布被用于描述理想气体中粒子运动速度的概率分布。理想气体可以看作除了非常短暂的碰撞（粒子之间或粒子与热环境交换能量和动量）外，粒子在固定容器中做自由运动，彼此之间没有相互作用，这类粒子的能量遵循麦克斯韦-玻尔兹曼分布，通过使粒子能量与动能相等可以得到速度的统计分布。在食品加工过程中，温度可视作样品中分子平均动能的量度，在任何温度下动能的分布都很广，因此也遵循麦克斯韦-玻尔兹曼分布。

1. 麦克斯韦速率分布律

（1）速率分布函数　对某一个分子来说，其速度大小和方向完全是偶然的。但就大量分子整体而言，在一定条件下，其速度分布遵从一定的统计规律。设 N 个分子，速率分布于 $(v, v+\mathrm{d}v)$ 区间的分子数为 $\mathrm{d}N$，则

$$\frac{\mathrm{d}N}{N} = f(v)\,\mathrm{d}v \tag{2-51}$$

其中 $f(v)$ 代表气体分子的速率分布函数

$$f(v) = \frac{\mathrm{d}N}{N\mathrm{d}v} \tag{2-52}$$

速率分布函数表示分布于速率 v 附近的单位速率间隔内的分子数占总分子数的比，也表示一个分子的速率处于 v 附近单位速率间隔内的概率。

（2）麦克斯韦速率分布函数　麦克斯韦用概率论导出，当忽略气体分子间的相互作用时，在平衡态下，气体分子的速率分布函数为：

$$f(v) = 4\pi\left(\frac{m}{2\pi kT}\right)^{\frac{3}{2}} \mathrm{e}^{-\frac{mv^2}{2kT}} v^2 \tag{2-53}$$

式中　　m——分子的质量，kg；

　　　　T——热力学温度，K；

k——玻尔兹曼常数，1.38×10^{-23} J/K；

v——速率，m/s。

如图 2-15 所示，dS 等于分布在 v 附近的速率区间 dv 内的分子数占总分子数的比率。麦克斯韦速率分布曲线随温度变化情况如图 2-16 所示。

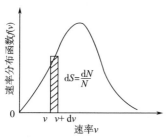

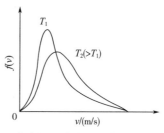

图 2-15 麦克斯韦速率分布曲线　　图 2-16 麦克斯韦速率分布曲线随温度的变化

2. 玻尔兹曼分布律

麦克斯韦速率分布律适用于无外力场作用，分子的空间密度均匀的情况。当气体处于外场中，分子在空间的分布不均匀，分子按速度和空间的分布由玻尔兹曼分布律确定。

（1）玻尔兹曼分布律　设分子系统在外力场中处于平衡态，其中 dN 个分子的空间位置和速度分别处于如下区间：$(x, x+dx)$ $(y, y+dy)$ $(z, z+dz)$ (v_x, v_x+dv_x) (v_y, v_y+dv_y) (v_z, v_z+dv_z)，则这 dN 个分子的分布满足下述玻尔兹曼分布律：

$$dN = n_0 \left(\frac{m}{2\pi kT} \right)^{\frac{3}{2}} e^{-(\varepsilon_k + \varepsilon_p)/kT} dv_x dv_y dv_z dx dy dz \tag{2-54}$$

式中　n_0——$\varepsilon_p = 0$ 处的分子数密度；

ε_p——位于 (x, y, z) 处的分子势能；

ε_k——$\frac{1}{2} m (v_x^2 + v_y^2 + v_z^2)$，为分子动能。

（2）分子在外力场中按空间位置的分布　分子在外力场中不管分子速度如何，只考虑全体分子按照空间位置的分布规律。此时在玻尔兹曼分布中对所有速度积分得

$$dN' = n_0 e^{-\frac{\varepsilon_p}{kT}} dx dy dz = n_0 e^{-\frac{\varepsilon_p}{kT}} dv \tag{2-55}$$

分子密度：

$$n = n_0 e^{-\frac{\varepsilon_p}{kT}} \tag{2-56}$$

结合麦克斯韦速率分布律，可以得到麦克斯韦-玻尔兹曼分布函数

$$f = \frac{n}{n_0} = e^{-\frac{\varepsilon_p}{kT}} \tag{2-57}$$

在图 2-16 中，如果虚线表示活化能，随着温度的升高，能够克服活化能势垒的分子的比例也会增加。结果是反应速率增加。分子的这一部分可以通过表达式得到：

$$f = e^{-\frac{E_a}{RT}} \tag{2-58}$$

式中　E_a——活化能；

R——玻尔兹曼常数，同 k；

T——热力学温度。

麦克斯韦-玻尔兹曼分布形成了分子运动论的基础，它解释了许多基本的气体性质，包括压强和扩散。麦克斯韦-玻尔兹曼分布通常指气体中分子的速率的分布，也可以指分子的速度、动量以及动量的大小的分布，虽然不同的分布有不同的概率分布函数，但它们之间可以存在相互联系。

第三节　反应器及停留时间分布

一、理想反应器

在化学反应工程过程中，"反应器"一词通常指用于进行受控反应的专用设备（通常是带有附件的容器）。在本节中，发生反应的物理过程系统的任一部分都可视为反应器。在这个过程中，发酵罐、烤箱、挤出机、干燥通道、用来酿酒的橡木桶或一块饼干都是反应器。

介绍几个常用的理想反应器：

（1）间歇釜式反应器　间歇式反应器是一种间歇的按批量进行反应的化学反应器，液体物料在反应器内完全混合而无流量进出。采用间歇操作的反应器称作间歇反应器，其特点是进行反应所需的原料一次装入反应器，然后在其中进行反应，经一定时间达到所需的反应程度便卸除全部反应物料，其中主要是反应产物以及少量未被转化的原料。其特点是由于剧烈的搅拌，反应器内物料浓度达到分子尺度上的均匀且反应器内浓度处处相等；反应器内各处温度处处相等，因而无须考虑反应物料内的热量传递问题。其优点是操作灵活，适用于小批量、多品种、反应时间较长的产品生产；缺点在于装料、卸料等操作时间长，产品质量不稳定。

（2）平推流反应器（PFR）　又称作理想置换反应器、活塞流反应器。在反应器内，流体以平推流方式流动，是连续流动反应器。在稳态下，反应器内的状态只随轴向位置而变（图 2-17），不随时间而变。停留时间是指反应物从进入反应器的时刻算起到离开反应器止停留的总时间。返混

图 2-17　PFR 简化模型

是不同停留时间的粒子的混合，混合是不同空间位置的粒子的混合。平推流是理想状态下在流动方向上完全没有返混，而在垂直于流动方向的平面上达到最大程度的混合。空时是反应器的有效容积与进料流体的体积与流速之比。反应时间是反应物料进入反应器后从实际发生反应的时刻起到反应达到某一程度所需的反应时间。平推流中的物料在径向截面上物质参数均相同，浓度、温度与轴向距离有关系。由于平推流反应器内物料不发生返混，具有相同的停留时间且等于反应时间，恒容时的空时等于体积与流速之比。

（3）连续搅拌槽反应器（CSTR）　是指带有搅拌桨的槽式反应器，也称作全混流反应器，具有连续的进料和排放（图 2-18）。其特点是新鲜物料瞬间混合均匀，存在不同停留时间的物料之间的混合，即返混。反应器内所有的空间位置的物料性质是均匀的，并且等于反应器出口处的物料性质，即反应器内物料的浓度与温度均一，且与出口

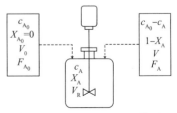

图 2-18　CSTR 反应器模型

物料温度、浓度相同。反应器内物系的所有参数，如温度 T、浓度 c、压力 P 等均不随时间变化，从而不存在时间独立变量，独立变量是空间。

式中 c_{A_0}——进入反应器的物料 A 的浓度，mol/m^3；

c_A——参与反应的物料 A 浓度，mol/m^3；

X_A——物料 A 的转化率，%；

F_{A_0}——单位时间进入反应器的 A 的摩尔流率，mol/s；

F_A——单位时间排出反应器的（未参与反应的）A 的摩尔流率，mol/s；

V_0——单位时间进料体积，m^3/s；

V——单位时间出料体积，m^3/s；

V_R——反应器体积，m^3。

二、停留时间分布

停留时间的概念起源于化学反应器模型，是指物料质点从进入系统到离开反应器总共停留的时间，这个时间也是物料质点的寿命。对于连续操作的反应器，组成流体的各粒子微团在其中的停留时间长短不一，有的流体微团停留时间很长，有的则瞬间离去，从而形成了停留时间的分布。全混流反应器和活塞流反应器对应着不同的停留时间分布，是两种极端的情况，实际反应器中的流动状况介于上述两种极端情况之间。描述流体停留时间分布的函数包括停留时间分布密度函数 $E(t)$ 和累计停留时间分布函数 $F(t)$。

（一）停留时间分布密度函数

在稳定连续流动系统中，同时进入反应器的 N 个流体粒子中，其停留时间为 $t \sim t+dt$ 的那部分粒子占总粒子数 N 的分率记作：

$$\frac{dN}{N} = E(t)dt \tag{2-59}$$

其中 $E(t)$ 被称为停留时间分布密度函数，其特征如下：

$$E(t) = 0(t < 0) \text{ 和 } E(t) \geq 0(t \geq 0) \tag{2-60}$$

$E(t)$ 具有归一化的性质，即

$$\int_0^\infty E(t)dt = 1 \tag{2-61}$$

（二）停留时间（累积）分布函数

在稳定连续流动系统中，同时进入反应器的 N 个流体粒子中，其停留时间小于 t 的那部分粒子占总粒子数 N 的分率记作：

$$F(t) = \int_0^t \frac{dN}{N} \tag{2-62}$$

其中 $F(t)$ 被称为停留时间分布函数，从概率论的角度来说，$F(t)$ 表示流体粒子的停留时间小于 t 的概率。

其特征如下：

$$F(\infty) = 1 \text{ 和 } F(t) = 0(t \leq 0) \tag{2-63}$$

（三）$E(t)$ 和 $F(t)$ 之间的关系

停留时间分布函数的导数即为停留时间分布密度函数，换言之，对停留时间分布密度函数积分得到的就是停留时间分布函数，如式（2-64）、式（2-65）：

$$E(t) = \frac{\mathrm{d}F(t)}{\mathrm{d}t} \tag{2-64}$$

$$F(t) = \int_0^t E(t)\,\mathrm{d}t \tag{2-65}$$

（四）停留时间分布的统计特征

研究反应器的停留时间分布对进一步研究反应器内的流型、混合情况等具有重要意义。研究不同流型的停留时间分布，通常比较它们的统计学特征。常用的特征值有两个：数学期望（平均停留时间）和方差（离散程度）。

（1）数学期望（平均停留时间）　停留时间的数学期望又称平均停留时间，是指全部物料质点在反应器中停留时间的平均值，在概率上称作数学期望，可通过分布密度函数来计算：

$$t_m = \frac{\int_0^\infty t E(t)\,\mathrm{d}t}{\int_0^\infty E(t)\,\mathrm{d}t} = \int_0^\infty t E(t)\,\mathrm{d}t \tag{2-66}$$

对于离散情况下的 $E(t)$，可用式（2-67）计算：

$$t_m = \frac{\sum t E(t_i)\Delta t_i}{\sum E(t_i)\Delta t_i} \tag{2-67}$$

（2）方差　方差定义为各个物料质点停留时间 t 与平均停留时间 t_m 差的平方的加权平均值，用来描述物料质点各停留时间与平均停留时间的偏离程度，即停留时间分布的离散程度。方差计算公式如式（2-68）：

$$\sigma_t^2 = \frac{\int_0^\infty (t-t_m)^2 E(t)\,\mathrm{d}t}{\int_0^\infty E(t)\,\mathrm{d}t} = \int_0^\infty (t-t_m)^2 E(t)\,\mathrm{d}t \tag{2-68}$$

对于不连续的实验数据，方差可用式（2-69）计算：

$$\sigma_t^2 = \frac{\sum (t-t_m)^2 E(t_i)\Delta t_i}{\sum E(t_i)\Delta t_i} = \sum t_i^2 E(t_i)\Delta t_i - t_m^2 \tag{2-69}$$

如图 2-19 所示，σ^2 越大，物料的停留时间分布越分散，偏离平均停留时间的程度越大；反之，偏离平均停留时间的程度越小；$\sigma^2 = 0$ 表明物料的停留时间分布都相同。平推流的 σ^2 为 0，因此 σ^2 越小，越接近平推流。

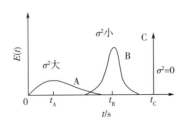

图 2-19　σ^2 与停留时间分布的关系图

第四节 本 章 结 语

食品的加工、运输、贮藏过程中涉及营养物质、质构、风味等的变化，这些变化影响着食品的货架期，那么要确定货架期就必须了解食品中各种物质反应速率的变化，这就反映出反应动力学的重要性。本章通过介绍反应动力学中的一些反应类型、反应速率的计算，以及相关拓展的酶促反应、微生物生长、失活曲线等，让读者对反应动力学有深入的了解，并补充相关例题应用，有助于我们在使用数学模型进行现实问题研究时能够灵活运用。

数学模型能够基于对现象和可用度量的现有理论理解、获得复杂对象或过程的相关特征。将反应动力学相关研究与数学模型结合，学习相关公式的推导及计算，有利于预测、控制食品加工过程中营养损失及微生物生长，更简便、高效地保证食品质量安全。但如果直接将模型上的结果应用到食品上，将会导致严重错误，因为食品中的协同与拮抗作用可能会完全改变反应动力学甚至反应机制，而且，食物中同时发生的多种反应也可能会相互间影响，这是未来食品科学的一大挑战。理想的状态是，能有一个可以应用于所有事物的通用模型，如美拉德反应，但由于食品中反应的特殊性，还没有办法做到这一点，必须更深入地了解食物基质的影响，将建立在特殊事物假设基础上的食品模型尽可能通用化。

消费者对食品的最终评判不只是就质量属性，而是对于整个食品的品质。有关传热和传质对食品品质影响的相关研究报道较少，尽管这对于设计更好的产品及生产工艺非常重要。建模技术可应用在传热和传质方面，这是一个需要大量计算的领域。在食品加工方面，计算流体动力学（CFD）技术在建模方面非常有用，其他诸如神经网络、模糊逻辑和贝叶斯信任网络等。今后将进一步立足于发展基于大数据和人工智能的新型建模技术，并有望大量应用于食品领域。

参 考 文 献

［1］ Ball C O. Advancement in sterilization methods for canned foods ［J］. Journal of Food Science，1938，3（1-2）：13-55.

［2］ Hayashi H. Drying technologies of foods-their history and future ［J］. Drying Technology，1989，7（2）：315-369.

［3］ Legras J L，Merdinoglu D，Cornuet J M，et al. Bread，beer and wine：saccharomyces cerevisiae diversity reflects human history ［J］. Molecular Ecology，2007（16）：2091-2102.

［4］ Leichter H M. "Evil habits" and "personal choices"：assigning responsibility for health in the 20th century ［J］. Milbank Quarterly，2003，81（4）：603-626.

［5］ Michel R H，McGovern P E，Badler V R. The first wine and beer-chemical detection of ancient fermented beverages ［J］. Analytical Chemistry，1993，65（8）：408-413.

［6］ Revedin A，Aranguren B，Becattini R，et al. Thirty thousand-year-old evidence of plant food processing [J]. Proceedings of the National Academy of Sciences of the United States of America, 2010, 107 (44): 18815-18819.

[7] Thiele S, Weiss C. Consumer demand for food diversity: evidence for Germany [J]. Food Policy, 2003, 28 (2): 99-115.

[8] Welch R W, Mitchell P C. Food processing: a century of change [J]. British Medical Bulletin, 2000, 56 (1): 1-17.

[9] Anon. The nanoscale food science, engineering, and technology section [J]. Journal of Food Science, 2008, 73 (VII).

[10] Chen H, Weiss J, Shahidi F. Nanotechnology in nutraceuticals and functional foods [J]. Food Technology, 2006, 60 (3): 30-36.

[11] Garti N, Spernath A, Aserin A, et al. Nano-sized self-assemblies of nonionic surfactants as solubilization reservoirs and microreactors for food systems [J]. Soft Matter, 2005 (1): 206-218.

[12] Morris V. Probing molecular interactions in foods [J]. Trends in Food Science & Technology, 2004 (15): 291-297.

[13] Guessasma S, Chaunier L, Della V G, et al. Mechanical modelling of cereal solid foods [J]. Trends in Food Science & Technology, 2011, 22 (4): 142-153.

[14] Magnuson B A, Jonaitis T S, Card J W. A brief review of the occurrence, use and safety of food-related nanomaterials [J]. Journal of Food Science, 2011, 76 (6): 126-133.

[15] Weiss J, Takhistov P, McClements D J. Functional materials in foodnanotechnology [J]. Journal of Food Science, 2006, 71 (9): 107-116.

[16] Chen X, Schluesener H J. Nanosilver: a nano product in medical application [J]. Toxicology Letters, 2008, 176 (1): 1-12.

[17] McClements D J. Design of nano-laminated coatings to controlbioavailability of lipophilic food components [J]. Journal of Food Science. 2010, 75 (1): 30-42.

[18] Arora A, Padua G W. Review: nanocomposites in food packaging [J]. Journal of Food Science, 2010, 75 (1): 43-49.

[19] Brody A L. Nano and food packaging technologies converge [J]. Food Technology, 2006, 60 (3): 92-94.

[20] Kumar P, Sandeep K, Alavi S, et al. A review of experimental and modeling techniques to determine properties of biopolymer-based nanocomposites [J]. Journal of Food Science, 2011, 76 (1): 2-14.

[21] Labuza T P. Sorption phenomena in foods [J]. Food Technology, 1968, 22 (3): 263-266.

[22] Chirife J, Iglesias H A. Equations for fitting sorption isotherms of foods [J]. Journal of Food Technology, 1978 (13): 159-174.

[23] Yanniotis S, Blahovec J. Model analysis of sorption isotherms [J]. LWT-Food Science and Technology, 2009, 42 (10): 1688-1695.

[24] Moreira R, Chenlo F, Torres M D. Simplified algorithm for the prediction of water sorption isotherms of fruits, vegetables and legumes based upon chemical composition [J]. Journal of Food Engineering, 2009, 94 (3-4): 334-343.

［25］Han J K, Chung S W, Sohn Y S. Technology convergence: when do consumers prefer converged products to dedicated products ［J］. Journal of Market, 2009, 73 (4): 97-108.

［26］Zhang Y, Fishbach A, Kruglanski A W. The dilution model: how additional goals undermine the perceived instrumentality of a shared path ［J］. Journal of Personality and Social Psychology, 2007, 92 (3): 389-401.

［27］Ares G, Giménez A, Deliza R. Influence of three non-sensory factors on consumer choice of functional yogurts over regular ones ［J］. Food Quality, 2010, 21 (4): 361-367.

［28］Carrillo E, Varela P, Fiszman S. Packaging information as a modulator of consumers' perception of enriched and reduced-calorie biscuits in tasting and nontasting tests ［J］. Food Quality, 2012, 25 (2): 105-115.

［29］Fiszman S, Carrillo E, Varela P. Consumer perception of carriers of a satiating compound, Influence of front-of-package images and weight loss-related information ［J］. Food Research International, 2015 (78): 88-95.

［30］Piqueras-Fiszman B, Giboreau A, Spence C. Assessing the influence of the colorof the plate on the perception of a complex food in a restaurant setting ［J］. Flavour, 2013, 2 (1): 24.

［31］Gorban A N, Yablonsky G S. Three waves of chemical dynamics ［J］. Mathematical Modelling of Natural Phenomena, 2015, 10 (5): 1-5.

［32］Kamerlin S C, Warshel A. At the dawn of the 21st century: is dynamics the missing link for understanding enzyme catalysis ［J］. Proteins: Structure, Function, and Bioinformatics, 2010, 78 (6): 1339-1375.

［33］Koshland D E. Application of a theory of enzyme specificity to protein synthesis ［J］. Proceedings of the National Academy of Sciences of the United States of America, 1958, 44 (2): 98-104.

［34］Anslyn E V, Dougherty D A. Modern physical organic chemistry ［J］. University Science Books, 2006.

［35］Butt M S, Nadeem M T, Ahmad Z M T. Sultan Xylanases and their applications in baking industry ［J］. Food Technology and Biotechnology, 2008 (46): 22-31.

［36］Ghorai S, Banik S P, Verma D, et al. Fungal biotechnology in food and feed processing ［J］. Food Research International, 2009, 42: 577-587.

［37］周康. 食品微生物生长预测模型研究新进展 ［J］. 微生物学通报, 2008, 35 (4): 589-594.

［38］Peinado I, Larrea V, Heredia A, et al. Lipolysis kinetics of milk-fat catalyzed by an enzymatic supplement under simulated gastrointestinal conditions ［J］. Food Bioscience, 2018 (23): 1-8.

［39］Coroller L, Leguerinel I, Mettler E, et al. General model, based on two mixed weibull distributions of bacterial resistance, for describing various shapes of inactivation curves ［J］. Applied and Environmental Microbiology, 2006, 72 (10): 6493-6502.

［40］Kondjoyan A, Portanguen S, Duchène C, et al. Predicting the loss of vitamins B_3 (Niacin) and B_6 (Pyridoxamine) in beef during cooking ［J］. Journal of Food Engineering, 2018: S0260877418302589-.

流 体 流 动

常见的食品形态主要可分为三类：液态食品、半固态食品和固态食品。为了保证生产的连续进行，食品原料、半成品、成品或辅料必须通过管道或输送设备在加工系统间进行传输。其中，液体和气体等物料的输送以及过滤、混合等单元操作都涉及流体流动。流体的性质与生产过程的传质、传热以及产品的感官质量都有着密切联系。因此，流体流动和传输是食品生产中的一项重要操作。

本章主要讨论流体的流动特性，共分为两部分。第一部分主要介绍流体的性质变化，即"流体流变学"。第二部分主要研究流体的流动规律，即"流体动力学"。通过对实际生产加工中的案例分析，阐明流体流动的基本规律。

第一节　流体流变学基础

一、黏　　度

运动着的流体内部相邻两流体层之间的相互作用力称为流体内摩擦力（黏滞力）。流体运动时产生内摩擦力的特性称为流体的黏性。流体在外力作用下，由于体系内部各种摩擦力的存在，表现为流体在运动过程中总是在抵消外力或减弱流动的现象。内摩擦力的大小体现了流体黏性的大小。黏性是流体的基本物理性质之一，任何流体都有黏性，黏性只在流体运动时才会表现出来。

设有上下两块平行放置而相距很近的平板，两板间充满着静止的液体，如图3-1所示。

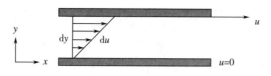

图 3-1 平板间黏性流体的速度分布

du/dy 表示速度沿法线方向（即与流动垂直方向）上的变化率及速度梯度。

实验证明，两流体层之间单位面积上的内摩擦力（或称为剪应力）τ 与垂直于流动方向的速度梯度成正比。

$$\tau = \mu \frac{du}{dy} \tag{3-1}$$

式中，μ 为比例系数，称为黏性系数，或动力黏度，简称黏度。

黏度（Viscosity）是流体黏性大小的量度，常用单位 Pa·s。一般液体流体的黏度随温度升高而降低，气体流体的黏度随温度升高而升高。

式（3-1）所表示的关系，称为牛顿黏性定律。牛顿黏性定律表明，流体的剪应力与法向速度梯度成正比而与法向压力无关。

二、流体的分类

剪应力 τ 与速度梯度 du/dy 的关系可用幂律方程（Power Law Model），即式（3-2）表示：

$$\tau = K\left(\frac{du}{dy}\right)^n \tag{3-2}$$

式中　K——稠度系数（Consistency Coefficient），$Pa·s^n$；

　　　n——流变指数（Flow Behavior Index），表示流体与牛顿流体的偏离程度。

当 $n=1$ 时，流体为牛顿流体；当 $0<n<1$ 时，流体为假塑性流体；当 $n>1$ 时，流体为胀塑性流体。

除此之外，经典的赫-巴（Herschel-Bulkely）模型也是用于表征非牛顿流体流变特性的广义模型，即式（3-3）所示：

$$\tau = \tau_0 + K\left(\frac{du}{dy}\right)^n \tag{3-3}$$

式中　τ_0——屈服应力（Yield stress）。

当 $\tau_0=0$ 时，可按幂律方程进行分类；当 $\tau_0 \neq 0$ 时，流体为塑性流体。

按照剪应力与速度梯度的关系可将流体分为牛顿流体和非牛顿流体两类，表 3-1 列举了常见的流体类型（图 3-2）及特征。在非牛顿流体中，还可按照黏度与外力作用时间的关系将流体分为时间独立性和时间相关性两类。

表 3-1　　　　　　　　　　　　　　　　流体的分类

分类		特征		举例
牛顿流体	牛顿流体	符合牛顿黏性定律，流体的剪应力与法向速度梯度成正比而和法向压力无关，$n=1$		气体、水、酒、醋
非牛顿流体	塑性流体	剪应力与剪切速率不满足线性关系	流体受到超过某特定阈值的剪应力 τ_0 作用后，发生永久性变形	干酪、巧克力酱
	假塑性流体		剪切稀化，表观黏度随剪应力或剪切速率的增大而减小，$0<n<1$	果酱、蛋黄酱
	胀塑性流体		剪切稠化，表观黏度随剪应力或剪切速率的增大而增大，$n>1$	淀粉溶液、蜂蜜
	触变性流体		也称摇溶性流体，在恒定剪切速率下其表观黏度随剪切时间而变小，但静置一段时间后，流体黏度恢复到初始状态	番茄酱、芝麻酱
	震凝性流体		在恒定剪切速率下其表观黏度随剪切时间而增大，但静置一段时间后，流体黏度再度稀化	适当调和的淀粉糊

注：塑性流体、假塑性流体、胀塑性流体属"时间独立性"；触变性流体、震凝性流体属"时间相关性"。

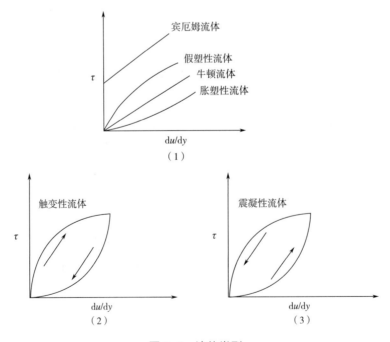

图 3-2　流体类型

（一）牛顿流体

服从牛顿黏性定律的流体统称作牛顿流体（Newtonian Fluid），流体的剪应力与法向速度梯度成正比而和法向压力无关。如所有气体、纯液体及简单溶液、稀糖液、酒、醋、酱油、食用油等。理想的牛顿流体是无弹性、不可压缩和各向同性的，实际上这样的流体是不存在的，但有些流体因其性质在一定条件下与牛顿流体接近，可近似为牛顿流体，牛顿流体具有恒定黏度的结论只在层流条件下成立。

但牛顿流体在加工中也会存在一些特性。例如，糖水溶液可以看作牛顿流体，但其黏度随不同处理条件而改变。烧沸的糖水溶液冷却到室温状态，其黏度会提升千万倍，这是一种非常特殊的黏性转化特性。

（二）非牛顿流体

不服从牛顿黏性定律的流体统称为非牛顿流体（Non-Newtonian Fluid），剪应力与剪切速率不满足线性关系的流体称为非牛顿流体，包括塑性流体、假塑性流体、胀塑性流体等。

1. 塑性流体

当流体受到超过某特定阈值的剪应力作用后，发生永久性变形，该流体即为塑性流体。理想塑性流体称为宾厄姆（Bingham）流体，这种流体实际上是不存在的，二者也有所区别，但在实践过程中可以把塑性流体看作宾厄姆流体来处理。

宾厄姆流体与牛顿流体的区别在于，当剪应力超过某一屈服值 τ_0 时，流体的各层间才开始产生相对运动，流体此时显示出与牛顿流体相同的性质。宾厄姆流体的剪应力与速度梯度的关系可用式（3-4）表示，μ_p 为塑性黏度，单位 Pa·s。

$$\tau = \tau_0 + \mu_p \frac{du}{dy} \tag{3-4}$$

塑性流体的两个特征参数是屈服应力 τ_0 和塑性黏度 μ_p。

塑性流体由不对称性分散相颗粒形成的网络结构组成（分散相颗粒浓度大到一定程度，彼此互相接触时，才能形成塑性流体），要使流体流动，必须使剪切应力超过屈服应力，破坏其网络结构，流体才能流动。

塑性流体是剪切变稀型流体，黏度随剪切速率增大而减小：由直链大分子构成的分散相颗粒组成的分散体系，比支链结构的剪切稀化作用强；长链大分子构成的分散相颗粒组成的分散体系，比短链结构分子剪切变稀作用大。

在食品工业上接近宾厄姆流体的物料有干酪、巧克力酱等。

代表食品——黑巧克力：

黑巧克力中脂肪、糖精和可可颗粒连续分散，对于这类脂肪含量高的食物，其流变特性和结构特性会影响食物的黏度、稠度及口感。而这些食物的流变特性往往十分复杂，大多取决于食物的组成和加工条件，如搅拌、泵送及运输。黑巧克力在加工中均表现出非牛顿流体的特性，它们的表观黏度随剪切速率的增加而减小。但是在不同加工步骤中，流变特性又略有不同。如在精炼前的混合过程中，物料的流变参数（屈服应力、表观黏度）显著增加。随后，加入脂质和卵磷脂，进行混合搅拌及回火处理，卵磷脂和可可油能通过润滑作用减少颗粒与颗粒之间的接触，降低食品流体的黏度，增加其流动性，从而影响屈服应力和表观黏度的大小。

2. 假塑性流体

假塑性（Pseudoplastic）流体的表观黏度随剪应力或剪切速率的增大而减小。假塑性流体的剪应力与速度梯度的关系为：

$$\tau = k\left(\frac{du}{dy}\right)^{n}, \; 0 < n < 1 \tag{3-5}$$

假塑性流体是剪切变稀（Shear Thinning）型流体，黏度随剪切速率增大而减小。一旦施加外力就能流动，无须克服屈服应力。流变曲线为通过坐标原点凸向剪应力轴型。

大多数高分子化合物溶液，如蛋黄酱、果酱等，血液在低剪切速率时也表现出假塑性流体的性质。一般而言，高分子溶液的浓度越高或分子越大，假塑性特征越显著。

代表食品——蛋黄酱：

蛋黄酱是一种以植物油和蛋黄为主料，并辅之以食盐、食醋、芥末、食品添加剂等，经调制、乳化混合而成的乳化型调味品。作为水包油型乳状液，蛋黄的用量与其黏度、稳定性密切相关。但在素食食品市场，无蛋蛋黄酱已成为热门产品。因此，了解蛋黄酱的流变学特性，利于控制其产品质量，优化工艺条件，确定设备选型。含蛋蛋黄酱，由于脂质含量较高，能促进相邻油滴絮凝形成弱凝胶网络结构，这种结构能增加蛋黄酱的黏度。但是无蛋蛋黄酱中的凝胶网络结构往往是由淀粉或黄原胶等增稠剂形成。相比于含蛋蛋黄酱，增稠剂使产品的黏度更大。但它们都具有假塑性流体的剪切变稀特性。

3. 胀塑性流体

与假塑性流体性质相反，胀塑性（Dilatant）流体的表观黏度随剪应力或剪切速率的增大而增大。胀塑性流体的剪应力与速度梯度的关系为：

$$\tau = k\left(\frac{du}{dy}\right)^{n}, \; n > 1 \tag{3-6}$$

胀塑性流体是剪切稠化（Shear Thickening）型流体，黏度随剪切速率增大而增大。一旦施加外力就能流动，无须克服屈服应力。流变曲线为通过坐标原点凹向剪应力轴型。

食品工业上胀塑性流体有淀粉溶液和多数蜂蜜等。

代表食品——蜂蜜：

在蜂蜜中，果糖与葡萄糖的比例决定其结晶速率，从而影响蜂蜜的流变性能。此外，含水量也是不容忽视的因素，它不仅影响蜂蜜的黏度，也影响其流变性质和货架期。但在市场上，纯蜂蜜中常被掺入便宜的糖浆，这些掺假物虽然增加了蜂蜜的质量，却降低了蜂蜜的营养价值。研究蜂蜜的流变特性不仅能指导实际生产加工，还能用以预测蜂蜜的成分。

牛顿流体、假塑性流体和胀塑性流体的应力与应变关系都可以用统一的幂律方程表示，这类流体统称为幂律流体。除幂律流体外还有时变性流体，即触变性流体和震凝性流体。

4. 触变性流体

触变性（Thixotropic）是指一些分散体系在搅动或其他机械力作用下，使其不流动或难流动的凝胶状转变为流动的溶胶状，再静置一段时间体系又恢复到凝胶状的性质。触变性可视为分散体系在恒温下"凝胶—溶胶"之间相互转换过程的流变特性。

在剪切作用下流体由黏稠状态变为流动性较大的状态，而剪切作用消除后，滞后一段时间流体又恢复到原来状态，具有这种性质的流体称为触变流体。触变性流体也是一种塑性体，流体经长时间高速剪切可从高黏凝胶态变为低黏溶胶态，具有剪切稀化作用。当剪切作用停止后，黏度又随时间的推移而增高，大多数触变性流体，经过几小时或更长的时间，可以恢复到初始的黏度值。

流变曲线表现为"上行曲线"不再与"下行曲线"重叠，而是两条曲线之间形成了一个封闭的"梭形"触变环［图3-2（2）］。这个"梭形"触变环的面积（A_t）大小反映着流体触变特性的强弱，它表示破坏触变结构所需的能量。触变性越强，恢复时间越短。

具有触变性的流体很多，如低温下贮藏的稠粥、甜芝麻酱、嫩豆腐脑、玉米面糊等。

代表食品——芝麻酱：

芝麻酱在25~45℃时，表现出触变性流体特性。如表3-2所示，触变环面积随着芝麻酱样品粒径的减小呈指数下降趋势。

表 3-2   芝麻酱样品流变特性

样品编号	中值粒径/μm	稠度指数 K /（Pa·s）			流动行为指数 n			触变面积 A_t		
		15℃	30℃	40℃	15℃	30℃	40℃	15℃	30℃	40℃
S1	32.90±0.24	—	—	—	—	—	—	126300	77230	74570
S2	26.13±0.10	24.29	15.20	10.38	0.68	0.72	0.78	17040	62380	9114
S3	21.55±0.15	8.79	5.38	3.36	0.85	0.84	0.84	5099	4470	3473
S4	8.83±0.02	7.68	2.62	1.76	0.86	0.92	0.89	4465	1205	1868
S5	7.02±0.02	4.82	2.34	0.92	0.89	0.93	0.93	2209	1264	971
S6	5.76±0.06	4.15	2.02	1.28	0.91	0.93	0.93	939	1371	800
S7	3.86±0.05	3.81	2.07	1.28	0.92	0.92	0.93	134	999	714

注：— 表示不可检测。

5. 震凝性流体

震凝性流体的定义及特点：在恒温和一定剪切速率下，剪切应力随时间延长而增大。取消剪切应力后，也要滞后一段时间流体才变稀。它与胀塑型流体不同，需要在外界"有节奏的震动"下方可形成凝胶。有节奏的震动可以是轻轻敲打、有规则的圆周运动、摆动或摆动式搅动等。若无外界"震动"，就不会形成凝胶。

震凝性（Rheopectic）流体的流变特性及其与胀塑性流体的区别：

①外切应力消除后，胀塑性流体立即稀化，而震凝性流体仍保持一段时间凝胶状态后再稀化。②胀塑性流体中分散相浓度高，常达40%以上，且润湿性良好；震凝性流体中分散相浓度低，约在1%~2%，分散相颗粒是非对称的，凝胶的形成是颗粒定向排列的结果。

具有震凝性的流体有，淀粉糊、葫芦巴酱、酒糟等。

代表食品——酒糟：

样品黏度随温度升高而增大，这主要由于样品中含有大量热不稳定蛋白。当温度升高至某一临界值，这些蛋白的凝结程度及黏度会增加。酒糟的黏度还受胶体的影响，胶体溶液进行热运动，逐渐扩散溶解，产生一定渗透压，进而形成凝胶，使样品黏度改变。此外，滞后环面积会随着温度的升高而增大。

第二节　流体动力学基础

一、流体的流动形态

流体流动包括层流（Laminar Flow）、湍流（Turbulent Flow）以及过渡流。当液体流速较小时，惯性力（Inertia Force）较小，黏滞力（Viscous Force）对质点起调控作用，使各流层的液体质点互不混杂，流体呈层流运动。当液体流速逐渐增大，质点的惯性力也逐渐增大，黏滞力对质点的调控作用逐渐减弱，当流速达到某一数值后，各流层的液体瞬间弥漫开来，液体质点互相混杂，流体呈湍流运动。

边界层（Boundary Layer）是指高雷诺数绕流中紧贴物面的黏滞力不可忽略的流动薄层，又称作流动边界层、附面层。边界层厚度通常定义为从物面（当地速度为零）开始，沿法线方向至速度与当地自由流速 u_0 相等时（严格地说是等于 $0.990u$ 或 $0.995u$）的位置之间的距离，记为 δ。如图 3-3 所示，当流体靠近物面，因受黏滞力的作用，流体速度减小；由物面向外，边界层内流体速度逐渐增加，直到与自由流速 u_0 相等；在远离物面的区域内，流体速度梯度小，黏滞力可忽略不计，惯性力起主要作用。

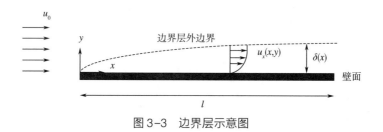

图 3-3　边界层示意图

流体的流型不仅与流速 u 有关，还与流体的密度 ρ、黏度 μ 以及流动管道的直径 D 有关。这些变量组合成一个数群，以其数值的大小作为判断流动形态的依据。这个数群成为雷诺准数（Reynolds Number），用 Re 表示，即：

$$Re = \frac{Du\rho}{\mu} \tag{3-7}$$

式（3-7）表明，雷诺准数可以用来表征惯性力和黏滞力的相对大小，是一个无因次准数，数群中各物理量必须采用同一单位制。Re 的大小可以用来判断流体的流动类型。$Re<2000$ 为层流，$Re>2000$ 为湍流，Re 在 $2000\sim4000$ 之间为过渡流。在食品加工过程中，层流是最为常见的流动形态，食品流体的剪切速率相对较低，但黏度相对较大。

二、流体层流运动

在工业生产中，流体流动存在多种分布特征。假设流体为牛顿流体并且保持层流运动时，其剪切力可以用黏性定律表示。

（一）圆管内的层流运动

如图 3-4 所示，选取半径为 R 的圆管以管轴为中心，任取一流体单元，半径为 r，长度为 l，对该流体单元进行受力分析。

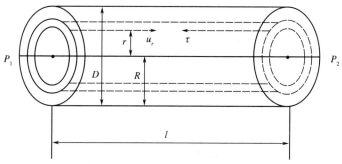

图 3-4　流体层流运动

由推力与阻力平衡可知

$$\pi r^2 \Delta P = \tau \cdot 2\pi rl$$

又因为

$$\tau = -\mu \frac{\mathrm{d}u}{\mathrm{d}r}$$

所以

$$\pi r^2 \Delta P = -\mu \frac{\mathrm{d}u}{\mathrm{d}r} \cdot 2\pi rl$$

$$\frac{\mathrm{d}u}{\mathrm{d}r} = -\frac{\Delta P}{2\mu l}r$$

由此推出

$$u_r = \frac{P_1 - P_2}{4\mu l}(R^2 - r^2) \tag{3-8}$$

上述为圆管层流的速度分布规律，说明层流时的速度分布特征为：流体质点无返混，整个流动区域都存在速度梯度，速度分布呈二次抛物线型（图 3-5）。当 $r=R$ 时，管壁处流速最小；当 $r=0$ 时，管中心处流速最大：

$$u_{\max} = \frac{\Delta P R^2}{4\mu l} \tag{3-9}$$

同样地，整个流动区域都存在线型分布的剪应力梯度（图 3-5）。当 $r=0$ 时，管中心处剪应力最小；当 $r=R$ 时，管壁处剪应力最大：

$$\tau_{\max} = \tau_{\mathrm{wall}} = \frac{\Delta P R}{2l} \tag{3-10}$$

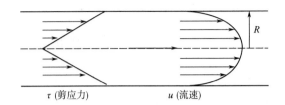

图 3-5　圆管中流体的层流运动

若流体流量为 q_v（$\mathrm{m^3/s}$），则：

$$q_v = \int u\mathrm{d}A = \int_0^R \frac{\Delta P}{4\mu l}(R^2 - r^2)2\pi r\mathrm{d}r = \frac{\Delta P\pi R^4}{8\mu l} \tag{3-11}$$

式（3-11）称作哈根—泊肃叶（Hagen-Poiseuille）定律，它是测定液体黏度的重要依据。圆管内的平均速度：

$$u_{\mathrm{avg}} = \frac{q_v}{A} = \frac{\Delta P\pi R^4}{8\mu l} \times \frac{1}{\pi R^2} = \frac{\Delta PR^2}{8\mu l} \tag{3-12}$$

因此，流体为层流运动时其平均流速是最大流速的一半，即：

$$u_{\mathrm{avg}} = \frac{u_{\max}}{2} \tag{3-13}$$

（二）平面表面的层流运动

实际生产过程中，流体在管道或各工序间的传输常常会以液膜的形式存在，如薄膜蒸发器、液膜涂层食品等。此时，流体的流动主要受重力控制。

假设流体在一倾斜平面上做稳态层流运动（图 3-6），液体层的厚度为 dz，倾斜角度为 α。

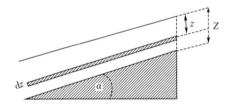

图 3-6　倾斜平面上层流运动的速度分布

因此，

$$u_z = \frac{\rho g}{2\mu}\sin\alpha(Z^2 - z^2) \tag{3-14}$$

$$\tau_z = \rho gz \cdot \sin\alpha \tag{3-15}$$

式中　g——重力加速度，$\mathrm{m/s^2}$。

当管道宽度为 W（单位 m）时，体积流量 q_v：

$$q_v = \frac{Z^3 W\rho g \cdot \sin\alpha}{3\mu} \tag{3-16}$$

式（3-16）通常运用于已知体积流量 q_v，计算液膜厚度 Z 的情况。

（三）固液共混时的层流运动

流体的流动并非只是以液态形成存在，有时还会有固体颗粒的存在。如悬浮、离心、流态化以及气力输送等过程。假设球形固相颗粒与液态流体共混进行层流运动。

当流体在半径为 d_p 的球形颗粒周围以速度 u 流动时，沿流动方向会存在黏滞阻力 F_D。阻力系数（Resistance Coefficient）C_D：

$$C_D = \frac{2F_D}{u^2 \rho A_p} \tag{3-17}$$

其中，A_p 为流动方向上颗粒的投影面积，球形 $A_p = \pi d_p/4$。George Gabriel Stokes 发现，流体呈层流运动时，阻力系数与雷诺数的关系如下：

$$C_D = \frac{24}{Re} \tag{3-18}$$

综上，流体黏度、速率和球形颗粒大小的关系为：

$$F_D = 3\pi u \mu d_p \tag{3-19}$$

假设固体的密度 ρ_S>流体密度 ρ_L，球形颗粒的受力情况为：

重力：$F_g = \pi d_p^3 (\rho_S - \rho_L)g/6$

黏滞阻力如式（3-19），方向与沉降方向相反。因此垂直方向的受力为：

$$F_{net\downarrow} = \frac{\pi d_p^3}{6}(\rho_S - \rho_L)g - 3\pi u \mu d_p \tag{3-20}$$

球形颗粒在静止时速度为零，其所受的黏滞阻力为零，由于颗粒所受的重力>浮力，垂直方向受重力加速度作用加速下沉。当速度逐渐增大，黏滞阻力逐渐增强，当阻力与重力相等时，此时颗粒沿垂直方向匀速下沉，此速度即终极速度或沉降速度 u_t。当式（3-20）中 F_{net} 为 0 时，可求出 u_t 值：

$$u_t = \frac{d_p^2 (\rho_S - \rho_L)g}{18\mu} \tag{3-21}$$

上式即为斯托克斯定律（Stokes Law）。固体颗粒在液体中的沉降速度取决于颗粒大小和液体性质。

[例 3-1] 管道输送中酸奶的压力预测（H. J. O'Donnell，2002）。

目前，已有大量的研究使用传统的旋转黏度计来描述酸奶的流变行为，但有关酸奶输送过程的流变性能研究却较为少见。本例主要对管道输送过程中酸奶的层流运动及其流动特性进行讨论。

现有研究表明，酸奶加工中的泵送和混合过程会降低酸奶的黏度。在酸奶的管道输送中，在不考虑时间的情况下，压降与流速的关系可用式（3-22）表示：

$$\Delta Pl = 2KR(3n + 1)u\pi nR^{3n} \tag{3-22}$$

式中 ΔP——管道中压降，Pa；

   l——管道长度，m；

   K——流体的稠度系数，K；

   R——管道半径，m；

   n——流变指数；

   u——流速，m^3/s。

其中，系数 K 和 n 可通过初始状态及平衡状态黏度计的测量数据进行计算，并代入式

（3-22）中预测恒定流速下的管道压降。

但将实验测得的压降与预测结果进行比较后发现，实验数据一般小于初始状态的预测值，大于平衡状态的预测值。因此，推断酸奶的流动特性与时间的长短有关。与达到平衡状态的时间相比，酸奶在管道中的停留时间相对较短，故测量值将更接近于初始状态的预测值，尤其是在较高流速时。初始状态下，单位长度压降预测值的误差随着流速的增加而减小；相反，在平衡状态下，单位长度压降预测值的误差随着流速的增加而增大。

为了使预测值更加接近实际情况，考虑到酸奶在管道内的停留时间，对系数 K 和 n 进行了修正。该模型可用于预测在一定时间、恒定剪切速率和剪切力的条件下，从初始0s至400s的流动状态（停留时间始终<400s）。

$$K = 31.25 - 0.0167t \tag{3-23}$$

$$n = 0.263t^{-0.104} \tag{3-24}$$

如图3-7所示，使用修正后的方程预测管道压降能比初始状态的预测值（误差0%～129%）或平衡状态的预测值（误差37%～83%）更接近于实验值（误差0%～41%）。

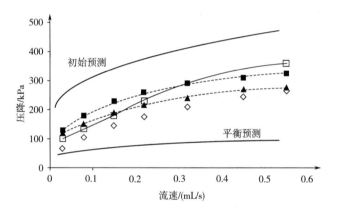

图 3-7 1.0m 管中流速与压降的关系

0.25m 预剪切部分：■测量值 □预测值；2.0m 预剪切部分：◇测量值 ▲预测值

综上所述，考虑到时间对酸奶流动特性的影响，因此对幂律方程中的 K 和 n 进行了修正，能更加准确地预测酸奶加工过程中管道内的压力变化。

三、圆管中的非牛顿流体流动

流体在管道中进行层流运动，剪应力与管道中心至管壁距离的关系如下：

$$\tau = \frac{r}{2l}\Delta P$$

假设流体的流动符合赫-巴模型式（3-3），那么流速可进一步变形，得：

$$u = \frac{2l}{\Delta P K^{\frac{1}{n}}\left(\frac{1}{n} + 1\right)}\left[\left(\frac{\Delta PR}{2l} - \tau_0\right)^{\frac{1}{n}+1} - \left(\frac{\Delta Pr}{2l} - \tau_0\right)^{\frac{1}{n}+1}\right] \tag{3-25}$$

此时，牛顿流体（$n=1$）的速度分布曲线并不是抛物线。并且当剪应力 $\tau>$ 屈服应力 τ_0 时，式（3-25）才能成立。

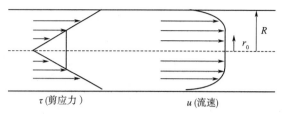

图3-8 圆管中非牛顿流体的流动

如图3-8所示，当流体处于管壁附近时，剪应力最大。当流体处于管中心时，剪应力为零。当$\tau < \tau_0$时，流体做匀速运动；当流体处于管中心至$\tau = \tau_0$区域时，流体做活塞运动；当流动区域继续扩大至管壁附近时，流体则停止流动。因此，流体静止的条件为：

$$\frac{R}{2l}\Delta p \pi \tau_0 \tag{3-26}$$

四、流体湍流运动

当雷诺数较大时，流体呈湍流运动。在实际生产中，单独研究湍流是很困难的，由于其剪切力不能用数学式简单表示，因此湍流的速度分布一般只通过实验研究，采用经验式近似表示。通常在实验中，当$Re > 2000$时，即认为是湍流运动。但是，只有$Re > 4000$时，流体才会进行完全湍流运动。Re介于2000~4000范围内，称为过渡状态，此时流体可进行层流或湍流。

（一）圆管内的湍流运动

在食品加工中，常见的有关湍流的计算主要围绕流体的摩擦压降。因此，摩擦系数f为：

$$f = \frac{2D\Delta P}{u^2 l\rho} \tag{3-27}$$

式中　ΔP——压降，Pa；

　　　D——管道直径，m；

　　　l——管道长度，m；

　　　u——流体的平均流速，m/s；

　　　ρ——流体密度，kg/m³。

摩擦系数的大小取决于雷诺数Re以及管道壁面的粗糙度。但对于光滑管道，如不锈钢管，摩擦系数只与Re有关。

层流运动中，结合式（3-27）与式（3-11），f与Re的关系为：

$$f_{\text{laminar}} = \frac{64}{Re}$$

若管道直径为D，长度为l，已知黏度μ、密度ρ和体积流量q_v，通过管道截面面积可以求得平均流速u。再通过计算雷诺数判断流体的流动状态。如果$Re < 2000$，则为层流，压降可通过泊肃叶方程进行计算。如果$Re > 2000$，则为湍流，压降可通过摩擦系数进行计算。由式（3-27）得：

$$\Delta P = \frac{fu^2\rho l}{2D} \tag{3-28}$$

在工程学中，压力通常用液体压头 H_f 表示，压降通常用液体压头损失表示。压力与液体压头之间的转换如下：

$$H_f = \frac{P}{\rho g} \tag{3-29}$$

（二）固液共混时的湍流运动

与上述讨论的摩擦系数类似，固体颗粒存在时流体的阻力系数 C_D 也与雷诺数有关。当 Re 介于 $2 \sim 500$ 之间，阻力系数的经验公式为：

$$C_D = \frac{18.5}{Re^{0.6}} \tag{3-30}$$

当雷诺数增大，阻力系数趋于常数（与 Re 值无关），即 $C_D = 0.44$。

[例 3-2]　豆浆湍流模型的应用（S. M. Son，2002）。

与传统罐头杀菌相比，无菌加工的优点在于它能利用连续流热交换器来提高加工效率。在湍流条件下，流体停留时间的分布较为均匀，整体的传热系数较高，无菌处理的优势会表现得更加明显。由于食品湍流模型的复杂性和湍流剪应力方程的缺乏，因此该类模型在食品加工领域的应用受到了极大的限制。本例阐述了豆浆湍流模型的建模过程，并用来模拟豆浆在管式加热器中的速度和温度分布。

对于豆浆体系，在圆管内进行湍流运动下的平均剪应力方程可以用式（3-31）表示：

$$\tau = \tau_{lam} + \tau_t = (K + K_t)\left(\frac{-du}{dr}\right)^n = \tau_w\left(\frac{r}{D}\right) \tag{3-31}$$

式中　　τ——剪应力，Pa；

K——稠度系数，$Pa \cdot s^n$；

u——轴向分速度，m/s；

r——径向坐标；

n——流变指数；

D——直径，m；

下标　lam——层流；

t——湍流；

w——管壁。

其中，K_t 取决于流体的位置、方向及湍流的性质。将湍流分为两个区域，即湍流核心区和层流亚层区。

对湍流核心区有：

$$\left(\frac{-du^+}{dr^{++}}\right) = \frac{2.458n^{0.25}}{y^{++}} \tag{3-32}$$

$$K + K_t = \frac{ry^+}{D2.458^n n^{0.25n}}K \tag{3-33}$$

对层流亚层区有：

$$\left(\frac{-\,\mathrm{d}u^+}{\mathrm{d}r^{++}}\right) = 1 \tag{3-34}$$

$$K + K_{\mathrm{t}} = \frac{r}{D}K \tag{3-35}$$

式中　　u^+——无量纲变量 u/u_{e}；

　　　　r^+——无量纲变量 $(r^n \rho u_{\mathrm{s}}^{\,2-n})/k$；

　　　　r^{++}——无量纲变量 $(r^+)^{1/n}$；

　　　　y——轴向坐标；

　　　　y^+——无量纲变量 $(y^n \rho u_{\mathrm{s}}^{\,2-n})/K$；

　　　　y^{++}——无量纲变量 $(y\rho^{1/n}u_{\mathrm{s}}^{\,(2-n)/n})/K^{1/n}$；

　　　　K——热导率，W/(m·K)。

为了验证加热管出口处的速度、温度分布，采用螺旋管式换热器（长度30m）进行实验验证，对豆浆的停留时间和温度进行测量。豆浆初始温度为60℃，高压蒸汽使壁温保持130℃，流速固定为37.8L/min。

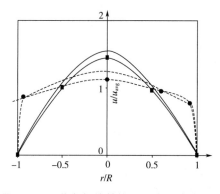

图3-9　豆浆在螺旋管换热器中的流速分布

--- 模拟-流速变化（9%豆浆）　—— 模拟-流速变化（16%豆浆）

—●— 实验测定-流速变化（9%豆浆）　—■— 实验测定-流速变化（16%豆浆）

由图3-9可知，速率曲线中实际值和模拟值的相关性非常密切。16%的豆浆最大偏差为7%，9%的豆浆最大偏差为5%。

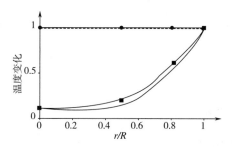

图3-10　螺旋换热器出口（$l/D=1000$）的温度分布

--- 模拟-温度变化（9%豆浆）　　　—●— 实验测定-温度变化（9%豆浆）

—— 模拟-温度变化（16%豆浆）　　—■— 实验测定-温度变化（16%豆浆）

由图 3-10 可知，9%的豆浆测定值和模拟值基本一致。而 16%的豆浆测量值略高于模拟温度，最大偏差为 10%。

综上所述，通过对湍流条件下豆浆速度、时间分布的模拟，可找到理想的加工条件，无须大量的实验摸索，最大限度地提高了无菌豆浆的质量。

[例 3-3] 湍流对果泥结构的影响（P. Perona，2002）。

新鲜果泥对机械应力的承受能力取决于其内部结构、含水量、果胶及纤维含量等，尤其是苹果泥。结构裂化（Structure Breakdown）通常是不可逆的，终产品的液体基质中仍然会存在大量的固体纤维。本例阐述了湍流运动对果泥内部结构裂化的影响。

在食品加工中，通常以建立结构模型来模拟流体的时间依赖性流变行为，表示在恒定剪切速率下，其剪应力与表观黏度会随着时间的增加而减小。事实上，这种降低可能是由于机械应力作用流体，使其内部结构发生裂化所致，并引发某些触变性行为。通过监测流体黏度或剪应力的变化可以预测其结构的裂化程度。

根据拉比诺维奇-莫尼（Rabinowitsch-Mooney）方程，令流变指数 n' 为常数，即：

$$n' = \frac{\mathrm{dln}\tau_{\mathrm{w}}}{\mathrm{dln}\frac{8u_{\mathrm{m}}}{D}} \qquad (3-36)$$

式中　τ_{w}——管壁处的剪应力，Pa；

u_{m}——流体流速，m/s；

D——内管直径，m。

由此可得，管壁处的剪切速率 γ_{w} 可用式 3-37 表示：

$$\gamma_{\mathrm{w}} = \frac{8u_{\mathrm{m}}}{D} \cdot \frac{3n' + 1}{4n'} \qquad (3-37)$$

由图 3-11 中流动曲线可知，新鲜苹果泥的稠度和屈服应力相对较高，即在相同的流速及温度条件下，苹果泥的压差比油桃泥更大。

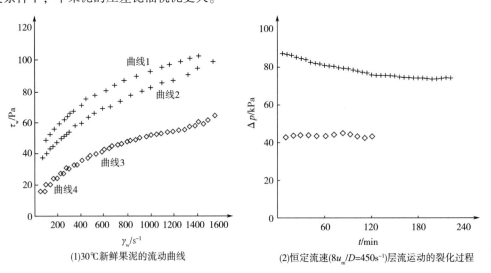

(1)30℃新鲜果泥的流动曲线　　　　(2)恒定流速(8u_{m}/D=450s^{-1})层流运动的裂化过程

图 3-11　新鲜果泥的流动曲线和裂化过程

+苹果　◇油桃

注：曲线 1、曲线 3 表示天然果泥；曲线 2、曲线 4 表示裂化后的果泥。

若流体的结构易受机械应力作用，那么当流体的流速越高，其结构裂化的程度越大、速度越快［图3-11（2）］。在层流运动中，由苹果泥的流动曲线［图3-11（1）中曲线1、曲线2］可以看出，其经历了明显的结构裂化。相反，对于油桃泥，这种变化并不显著［图3-11（1）中曲线3、曲线4］。

为了研究湍流对流体结构的影响，将果泥稀释，使其能从层流转为湍流运动。如图3-12（1）所示，湍流运动时的流体流动行为（曲线3）与初始状态（曲线1）大不相同。

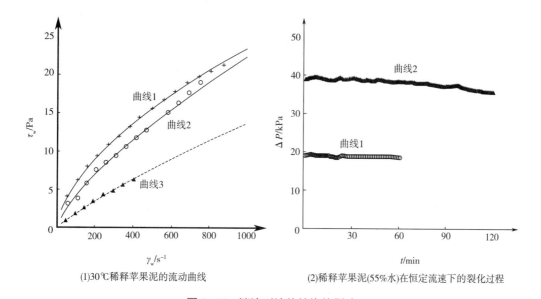

(1)30℃稀释苹果泥的流动曲线　　　　　　　　(2)稀释苹果泥(55%水)在恒定流速下的裂化过程

图3-12　湍流对流体结构的影响

+裂化前　○层流运动（$8u_m/D=450s^{-1}$）裂化过程　▲湍流运动（$8u_m/D=1000s^{-1}$）裂化过程

如图3-12（1）所示，湍流运动使流体结构发生裂化，使其流变行为（曲线3）与最初状态（曲线1）有所不同。图3-13为果泥固相纤维在发生结构裂化后的微观图片，对比（1）与（2）图可明显看出，湍流运动使大分子纤维破碎，结构裂化。

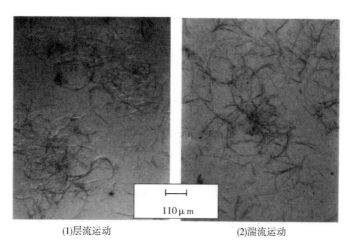

(1)层流运动　　　　　　　　(2)湍流运动

图3-13　稀释苹果泥（55%水）结构裂化后的内部结构

湍流运动是导致固态纤维结构裂化的首要因素，液体中纤维呈短杆状扩散，这将影响流体的流变性能。因此，湍流运动对苹果泥的内部结构有着重要影响。

在果汁产品的实际生产中，要想提高生产效率并不能只靠提高原料的泵送速率，还需根据稀释度和温度对层流—湍流过渡点做进一步研究，分析纤维的受力分布，以此改善产品的感官性能。

五、温度对流体流变性能的影响

在食品的生产、贮藏、运输、销售以及消费过程中，液态食品会受外界温度的连续性变化而发生流变性能的改变，进而影响产品品质。因此，了解温度与产品流变性能之间的关系对食品的质量调控具有十分重要的意义。

在牛顿流体中，黏度与温度之间的关系可以用阿伦尼乌斯（Arrhenius Type）方程表示。但对非牛顿流体而言，表观黏度通常与剪切速率有关。

$$\mu = \mu_\infty e^{\frac{E_a}{RT}} \tag{3-38}$$

式中　μ_∞——无限变形时的黏度，常数；

　　　R——气体常数，J/(mol·K)；

　　　T——热力学温度，K；

　　　E_a——流动活化能，kJ/mol。

温度能影响流体的不同流变学参数，如黏度 μ、屈服应力 τ_0、稠度系数 K 以及流变指数 n 等。现将温度对流体流变行为的影响规律，总结如下：

①黏度 μ 和稠度系数 K 通常随温度的升高而减小。

②流变指数 n 通常不受温度的影响，但在某些特殊情况下，温度的升高会改变流体流变指数的大小（如在卡拉胶中，流变指数会随温度的升高逐渐上升）。

③屈服应力 τ_0 也会随温度的变化而发生改变，当温度升高时，屈服应力降低（如使柠檬汁由假塑性流体变为牛顿流体）。

第三节　黏度计的使用

用来测量流体流动特性的仪器称作黏度计（Viscosimeter）。黏度测量是研究食品流动特性的重要手段，常见的测量仪器有毛细管黏度计、旋转黏度计和落球黏度计等。

（1）毛细管黏度计　是根据液体在毛细管中的流出时间计算黏度，包括奥氏黏度计、乌氏黏度计等。它在使用时，必须满足以下条件：①流体是不可压缩的牛顿流体；②流体在毛细管内进行层流运动，并且是稳定流；③流体在毛细管壁处无滑动；④毛细管足够长、直线状且内径均匀一致。则可根据哈根-泊肃叶（Hagen-Poiseuille）定律［式（3-11）］，在已知毛细

管半径 R，长度 l，两端压差 ΔP 以及 t 时间内自毛细管流出的液体体积总量 q_v 的条件下，即可由式 3-39 计算出样品黏度 μ。

$$\mu = \frac{\pi R^4 \Delta P}{8 q_v l} t \tag{3-39}$$

（2）旋转黏度计　是通过测量流体作用于物体的黏性力矩或物体的转速求算黏度，包括同轴筒式、单圆筒式、锥-板式、板-板式旋转黏度计等。影响其使用的主要因素有：①末端效应：即内筒上下端液体作用于圆筒端面的附加黏性力矩；②二次流：即偏离环绕仪器转轴的流动，由惯性效应或黏弹性效应产生；③湍流：就同轴圆筒结构而言，内侧流体受离心力作用，易产生径向流动，因而易产生湍流；④偏心：即一个力偶作用于两个轴上；⑤壁滑移：即紧贴圆筒壁的流体速度与圆筒壁的转速不同，圆筒壁处摩擦减小；⑥黏性发热：即旋转黏度计间隙中的液体旋转时产生的热量大部分滞留在液体中，温度升高使黏度测定值偏小。以同轴圆筒式旋转黏度计为例，当已知黏性力矩 M，内筒长度 h，内、外筒半径 R_i、R_a，旋转速度 ω_i 时，即可由式（3-40）计算出样品黏度 μ。

$$\mu = \frac{M}{4\pi h \omega_i}\left(\frac{1}{R_i^2} - \frac{1}{R_a^2}\right) \tag{3-40}$$

（3）落球黏度计　是通过圆球在液体里的下落速度计算黏度，包括直落式落球黏度计、升球黏度计等。它在使用时，必须满足下列条件：①流体为牛顿流体；②球为刚性球，球为匀速运动且速度非常小；③球与流体间无滑动。当确定重力加速度 g，小球直径 D，小球密度 ρ_b，液体密度 ρ 以及小球下落距离 l 所需时间 t，即可由式（3-41）计算出样品黏度 μ。

$$\mu = \frac{g D^2 (\rho_b - \rho)}{18 l} t \tag{3-41}$$

[例 3-4]　低剪切速率下巧克力黏度的测定（Siegfried Bolenz，2013）。

熔融巧克力是一种非牛顿塑性流体，影响黏度大小的因素有粒径分布，混合搅拌时间及温度，脂肪、乳化剂等成分。因其在流动时需克服一定的屈服应力，故在进行黏度测定时存在一定误差，尤其是在低剪切速率的情况下。本例阐述了低剪切速率条件下熔融巧克力的黏度测量方法。

可用卡森（Casson）模型来表征塑性流体的流动特性，即式（3-42）：

$$\tau^{\frac{1}{2}} = \tau_{Ca}^{\frac{1}{2}} + (\mu_{\infty Ca} \cdot \gamma)^{\frac{1}{2}} \tag{3-42}$$

式中　τ——剪应力，Pa；

　　　τ_{Ca}——卡森屈服值，Pa；

　　　γ——剪切速率，s^{-1}；

　　　$\mu_{\infty Ca}$——卡森黏度，Pa·s。

本例中，方法 1 为旋转黏度计在剪切速率为 1~60 s^{-1} 时的测量；方法 2 为旋转黏度计在剪切速率为 0.03~60 s^{-1} 时的测量。表 3-3 为不同剪切速率下剪应力、表观黏度以及变异系数的大小。

表 3-3　　　　　　　　　　　不同剪切速率下的相关参数

剪切速率/s^{-1}	取样点	剪应力/Pa	剪应力变异系数/%	表观黏度/Pa·s
5	120	73.50	1.29	14.70
3	120	59.09	0.63	19.70
2	120	51.25	0.52	25.63
1	120	42.05	0.53	42.05
0.5	480	35.94	0.65	71.88
0.4	480	33.75	0.55	84.38
0.3	480	31.45	0.58	104.83
0.2	480	28.45	0.68	142.25
0.1	480	21.51	2.31	215.10
0.09	360	22.06	3.69	245.11
0.05	360	13.53	3.26	270.60
0.03	360	10.10	5.16	336.67
0.01	360	3.64	16.98	364.00
0.001	360	3.36	24.76	3360.00

由表 3-3 可知，剪应力随剪切速率的减小而减小，表观黏度随剪切速率的减小而增大。当 $\gamma < 0.03s^{-1}$，变异系数逐渐增大，因此 $0.03s^{-1}$ 可作为该旋转黏度计测量的极限值。旋转黏度计能在低剪切速率下对样品黏度进行测量，得到的剪应力数值更加接近于屈服应力，远比依靠流动模型从实验数据中推测屈服应力更精确。表 3-4 为方法 1、方法 2 对 12 种巧克力样品进行黏度测量的结果。

表 3-4　　　　　　　　　　　巧克力样品的相关参数

样品	方法 1					方法 2				
	$5s^{-1}$ 时 τ /Pa	$40s^{-1}$ 时 μ_{app} /(Pa·s)	τ_{Ca} /Pa	$\mu_{\infty Ca}$ /(Pa·s)		$0.05s^{-1}$ 时 τ /Pa	$5s^{-1}$ 时 τ /Pa	$40s^{-1}$ 时 μ_{app} /(Pa·s)	τ_{Ca} /Pa	$\mu_{\infty Ca}$ /(Pa·s)
A	64.41	5.37	20.00	2.50		6.18	64.23	5.58	5.75	4.15
CV/%	±0.71	±0.83				±2.80	±0.38	±0.55		
B	48.12	4.31	11.63	2.03		5.99	49.17	4.46	5.48	2.96
CV/%	±4.13	±3.11				±4.40	±0.51	±1.04		
C	61.25	6.05	14.35	3.48		11.02	60.44	5.89	9.65	3.83
CV/%	±0.83	±0.39				±6.30	±0.58	±0.56		
D	72.04	6.95	17.51	3.87		12.04	70.36	6.74	10.69	4.44
CV/%	±0.53	±0.32				±5.98	±0.48	±0.19		
E	55.62	4.16	20.41	1.75		10.99	52.87	4.06	11.25	2.30

续表

样品	方法1				方法2				
	$5s^{-1}$时τ /Pa	$40s^{-1}$时μ_{app} /(Pa·s)	τ_{Ca} /Pa	$\mu_{\infty Ca}$ /(Pa·s)	$0.05s^{-1}$时τ /Pa	$5s^{-1}$时τ /Pa	$40s^{-1}$时μ_{app} /(Pa·s)	τ_{Ca} /Pa	$\mu_{\infty Ca}$ /(Pa·s)
CV/%	±0.74	±0.57			±8.20	±0.56	±0.32		
F	50.97	3.98	17.49	1.73	8.21	54.09	4.20	8.52	2.66
CV/%	±0.37	±0.52			±5.98	±0.25	±0.48		
G	58.40	5.38	14.88	2.77	10.11	50.27	4.52	9.33	2.73
CV/%	±0.45	±0.23			±7.53	±0.21	±0.62		
H	85.86	7.81	22.12	4.11	14.77	82.96	7.57	13.47	4.86
CV/%	±0.91	±0.03			±6.09	±0.30	±0.25		
I	62.65	5.31	18.83	2.57	14.47	61.46	5.31	13.44	3.01
CV/%	±0.57	±0.35			±5.54	±1.14	±1.32		
J	55.62	4.01	22.29	1.59	15.51	54.93	3.96	15.83	1.92
CV/%	±0.65	±0.37			±9.36	±0.28	±0.32		
K	89.34	7.51	27.51	3.64	18.47	91.53	7.46	18.16	4.44
CV/%	±1.03	±0.90			±8.53	±0.20	±0.25		
L	20.41	1.56	7.25	0.68	8.45	20.26	1.56	7.16	0.68
CV/%	±0.59	±0.14			±3.50	±0.25	±0.14		

注：μ_{app}—— 表观黏度。

CV—— 变异系数，又称离散系数（Coefficient of Variation），是概率分布离散程度的一个归一化量度，其定义为标准差与平均值之比。

由表3-4可知，方法2中的测量不仅能在更低的剪切速率下进行，且变异系数更小。由于不同巧克力中脂肪等成分含量组成不同，因此测量结果也各不相同。

综上所述，在实际测量中，保证测量方法的精确性和重复性十分重要。在进行样品的黏度测量前，应先根据不同仪器、样品确定黏度计的测量精度，以保证参数选择的合理性，再进行后续实验。低剪切速率下的实验参数，不仅能更准确地得到模型参数，更有助于评价产品质量。

第四节　本章结语

在食品工业的实际生产加工中，如何运用不同模型分析食品流体的流动特性，从而对食品加工过程进行实时调控，进行有效的操作及优化，预测并提高终产品的质量，是食品流体的研究热点之一。

由于流变学研究深入食品质构和组分，因此掌握食品料液的流动特性对后续生产、加工，得到相关产品具有重要的指导意义。了解食品成分在加工中的流动特性及规律，可对现有工艺进行评定；对于一些特殊的食品材料（果蔬汁等），研究其流变特性能进行合理的工艺设计及装备选用。此外，通过流变学实验（测定、模拟）可预测产品质量及其市场接受度，有利于新产品的开发及推广。

参 考 文 献

[1] O'Donnell H J, Butler F. Time-dependent viscosity of stirred yogurt. Part Ⅱ: tube flow [J]. Journal of Food Engineering, 2002, 51 (3): 255-261.

[2] Son S M, Singh R K. Turbulence modeling and verification for aseptically processed soybean milk under turbulent flow conditions [J]. Journal of Food Engineering, 2002, 52 (2): 177-184.

[3] Glicerina V, Balestra F, Rosa M D, et al. Rheological, textural and calorimetric modifications of dark chocolate during process [J]. Journal of Food Engineering, 2013, 119 (1): 173-179.

[4] Singla N, Verma P, Ghoshal G, et al. Steady state and time dependent rheological behaviour of mayonnaise (egg and eggless) [J]. International Food Research Journal, 2013, 20 (4): 2009-2016.

[5] Çiftçi D, Kahyaoglu T, Kapucu S, et al. Colloidal stability and rheological properties of sesame paste [J]. Journal of Food Engineering, 2008, 87 (3): 428-435.

[6] Lachman, Jaromír, Rutkowski K, et al. Determination of rheological behaviour of wine lees [J]. International Agrophysics, 2015, 29 (3): 307-311.

[7] Perona P, Conti R, Sordo S. Influence of turbulent motion on structural degradation of fruit purees [J]. Journal of Food Engineering, 2002, 52 (4): 397-403.

[8] Bolenz S, Tischer T. Measuring shear stress at lowest possible shear rates and improving viscosity determination of fat suspensions, for example chocolates [J]. International Journal of Food Science & Technology, 2013, 48 (11): 2408-2416.

[9] 苏尔皇. 液体的粘度计算和测量 [M]. 北京：国防工业出版社, 1986.

[10] 赵黎明, 黄阿根. 食品工程原理 [M]. 北京：中国纺织出版社, 2013.

计算流体力学

随着流体力学的不断发展，逐步形成了三种对流体流动进行分析研究的方法：理论分析、实验研究和数值计算。理论分析和实验研究由来已久，而数值计算随着信息技术的发展和计算机性能的提高，经过几十年的高速发展，已经成为流体力学的独立分支——计算流体力学（Computational Fluid Dynamics，CFD）。

本章第一部分简述 CFD 与流体力学的关系、CFD 的应用及工作原理；第二部分具体介绍 CFD 工作原理的各个组成：控制方程、初始条件、边界条件、网格生成、离散化、SIMPLE 算法和 CFD 软件；第三部分列举 CFD 在"三传"（动量传递、热量传递、质量传递）中应用的实例，配以建模示意图、网格划分图、数据采集图、可视化模拟图等，介绍 CFD 在食品过程工程中的应用。

第一节　流体力学的"三驾马车"

一、理 论 分 析

理论分析是指在探究流体流动规律时，提出简化流动模型，建立控制方程，并在限定条件下通过推导与计算，获得方程的解析解。其优点在于各类影响因素清楚明了，所获结果具备普遍性，是引领实验研究和验证数值计算的理论基础。然而由于理论分析要求对研究对象进行简化，才能得出解析解，通常只能研究简单的流动模型。对于非线性的流体流动，理论分析很难得出解析解，且解的适用范围极为有限。因此，理论分析远远不能够满足工程上的需要。

二、实 验 研 究

实验研究是探究流体流动机制、流体流动现象的主要研究手段之一，是理论分析和数值方法的基础。其优点在于可以借助各类先进的仪器设备，获得多种复杂流动的可靠、准确的实测结果。然而，实验研究常受到模型尺寸、流场扰动和测量精度的限制，有时很难通过实验研究获得结果。此外，实验研究还会受到财力、物力、人力不足的制约。

三、计算流体力学

CFD 是指运用计算机求解控制方程，获得流场参数在时间、空间离散点处的数值，并显示结果图像，以此预测流体流动规律。CFD 可以看作是在流动基本方程（质量守恒方程、动量守恒方程、能量守恒方程）控制下对流动的数值模拟。通过这种数值模拟，可以得到极其复杂问题的流场内各个位置上的基本物理量（如速度、压力、温度、浓度等）的分布，以及这些物理量随时间的变化情况。

CFD 弥补了理论分析和实验研究的不足。采用 CFD 技术能够在计算机上实现一个特定的数值模拟计算，就如同在计算机上做一次物理实验，形象地重现流动情况。其优点在于可以选择不同的流动参数进行各种数值实验，实现多种方案的比较。且不受物理模型和实验模型的限制，具有较好的灵活性、经济性、省时性。此外，CFD 还可模拟特殊条件下，实验中只能接近而无法达到的理想条件。然而，CFD 得到的结果是某一特定流体运动区域内，在特定边界条件和特定参数取值下的离散数值解。因而，无法预知参数变化对于流动的影响和精确的流场分布情况。因此，CFD 提供的信息不如解析解（通过严格的公式所求得的解）详细、完整。

四、"三驾马车"缺一不可

CFD 与传统的理论分析、实验研究构成了研究流体流动问题的完整体系。理论分析和实验研究一直是研究流体流动不可或缺的一部分，而 CFD 有助于对两者的结果进行解释和说明。理论分析、实验研究和 CFD 三者各有特点，只有将三者有机结合起来，取长补短，才能高效地解决各类实际的工程问题，推动流体力学的进一步发展。

第二节　CFD 的应用

CFD 通过计算机模拟对流体流动、热交换、分子输运等现象进行分析。CFD 不仅作为一种研究工具，而且还作为一种设计工具在流体机械、能源工程、汽车工程、船舶工程、航空航天、建筑工程、环境工程、食品工程等领域发挥作用，现已覆盖了工程或非工程的广大领域，具体如下：

（1）水轮机、风机和水泵等流体机械内部的流体流动；

（2）电厂内燃机和汽轮机中的燃烧；

（3）汽车流线外形对性能的影响；

（4）船舶流体力学；

（5）飞机和航天飞机等飞行器的设计；

（6）风载荷对高层建筑物稳定性及结构性能的影响；

（7）温室及室内的空气流动与环境分析；

（8）河流中污染物的扩散；

（9）汽车尾气对街道环境的污染；

（10）洪水波及河口潮流计算；

（11）电子元器件的冷却；

（12）换热器性能分析及换热器片形状的选取；

（13）食品过程工程。

第三节 CFD 的工作原理

运用CFD的过程总共分为9步（图4-1）：①建立控制方程；②确定初始条件与边界条件；③划分计算网格；④建立离散方程；⑤离散初始条件和边界条件；⑥给定求解控制参数；⑦求解离散方程；⑧判断解的收敛性；⑨显示和输出计算结果。

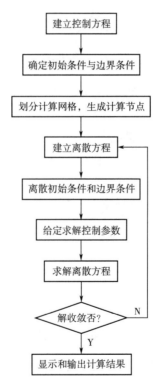

图 4-1 CFD 工作流程图

一、建立控制方程

建立控制方程是求解任何流体流动问题的基础。对于一般的流体流动问题，可直接写出其控制方程。当流动处于湍流流动范围时，还需要增加湍流方程。

控制方程的具体内容见"第四节 控制方程"。

二、确定初始条件与边界条件

初始条件与边界条件是控制方程有定解的前提，控制方程与初始条件、边界条件构成对物理过程完整的数学描述。初始条件是所研究对象在过程开始时刻各个求解变量的空间分布情况。边界条件是在求解区域的边界上所求解的变量或其导数随地点和时间的变化规律。初始条件和边界条件的处理会直接影响计算结果的精度。

初始条件的具体内容见"第五节　初始条件"。边界条件的具体内容见"第六节　边界条件"。

三、划分计算网格

采用数值方法求解控制方程时，首先要将控制方程在空间域上进行离散，随后求解得到的离散方程组。想要在空间域上离散控制方程，则必须使用网格。现已发展出多种对各种区域进行离散以生成网格的方法，统称为网格生成技术。

网格生成的具体内容见"第七节　网格生成"。

四、建立离散方程

对于在求解域内所建立的偏微分方程，理论上是有解析解的。但由于所处理方程本身的复杂性，一般很难获得方程的解析解，这就需要通过数值离散，建立离散方程。通过数值方法把计算域内有限数量位置（网格节点或网格中心点）上的因变量值当作未知变量来处理，从而建立一组关于这些未知变量的代数方程组。随后通过求解代数方程组来获得这些节点上未知变量的值，而计算域内其他位置上的值则根据节点位置上的值来确定。

离散化的具体内容见"第八节　离散化"。

五、离散初始条件和边界条件

"二、确定初始条件与边界条件"中给定的初始条件和边界条件是连续的（如在静止壁面上速度为0）。现在需要针对"三、划分计算网格"中生成的网格，将连续的初始条件和边界条件转化为特定节点上的值（如静止壁面上共有90个节点，则这些节点上的速度均应设为0）。以此连同"四、建立离散方程"中各节点处所建立的离散方程，才能对方程进行求解。

六、给定求解控制参数

完成上述五步后，还需给定求解控制参数，如流体的物理参数、湍流模型的经验系数等以及迭代计算的控制精度、瞬态问题的时间步长和输出频率等参数。

七、求解离散方程

在给定求解控制参数后，实际问题已转化成具有定解的代数方程组，可通过商用 CFD 软件对其进行求解。为适应不同类型的问题，商用 CFD 软件提供多种不同的计算方法。其中，SIMPLE 算法是目前工程研究中应用最广泛的方法之一。

SIMPLE 算法的具体内容见"第九节　SIMPLE 算法"。

八、判断解的收敛性

对于稳态问题的解，或是瞬态问题在某个特定时间步长上的解，常常要通过多次迭代才能得到。有时，因网格形式、网格大小或对流项的离散插值格式等原因，方程的解会发散。对于瞬态问题，若采用显式格式进行时间域上的积分，当时间步长过大时，也可能造成解的振荡或发散。因此，在迭代过程中要对解的收敛性时刻进行监视，并在系统达到指定精度后，结束迭代过程。

九、显示和输出计算结果

通过上述求解过程获得各个计算节点上的解后，需要将整个计算域上的结果显示出来。简而言之，可采用矢量图、流线图、等值线图、线值图、云图等方式对计算结果进行显示。商用CFD软件提供了上述各种表示方式，也可自行编写后处理程序对结果进行显示。

CFD软件的具体内容见"第十节　CFD软件"。

第四节　控　制　方　程

所有形式的 CFD 都是基于流体力学基本控制方程，即连续方程、动量方程和能量方程。这些方程是流体力学都必须遵循的三大基本物理定律的数学表述：①质量守恒；②牛顿第二定律，$F = ma$；③能量守恒。

一、黏性流动方程

黏性流动包括摩擦、热传导和质量扩散等运输现象的流动，这些运输现象是耗散的，它们总是增加流动的熵。对于非定常、三维可压缩黏性流动，其控制方程是：

（一）连续方程

1. 非守恒型

$$\frac{d\rho}{dt} + \rho \nabla \cdot V = 0 \tag{4-1}$$

2. 守恒型

$$\frac{\partial \rho}{\partial t} + \nabla \cdot (\rho V) = 0 \tag{4-2}$$

（二）动量方程

1. 非守恒型

（1）x 方向

$$\rho \frac{du}{dt} = -\frac{\partial p}{\partial x} + \frac{\partial \tau_{xx}}{\partial x} + \frac{\partial \tau_{yx}}{\partial y} + \frac{\partial \tau_{zx}}{\partial z} + \rho f_x \tag{4-3}$$

（2）y 方向

$$\rho \frac{dv}{dt} = -\frac{\partial p}{\partial y} + \frac{\partial \tau_{xy}}{\partial x} + \frac{\partial \tau_{yy}}{\partial y} + \frac{\partial \tau_{zy}}{\partial z} + \rho f_y \tag{4-4}$$

（3）z 方向

$$\rho \frac{\mathrm{d}w}{\mathrm{d}t} = -\frac{\partial p}{\partial z} + \frac{\partial \tau_{xz}}{\partial x} + \frac{\partial \tau_{yz}}{\partial y} + \frac{\partial \tau_{zz}}{\partial z} + \rho f_z \tag{4-5}$$

2. 守恒型

（1）x 方向

$$\frac{\partial(\rho u)}{\partial t} + \nabla \cdot (\rho u V) = -\frac{\partial p}{\partial x} + \frac{\partial \tau_{xx}}{\partial x} + \frac{\partial \tau_{yx}}{\partial y} + \frac{\partial \tau_{zx}}{\partial z} + \rho f_x \tag{4-6}$$

（2）y 方向

$$\frac{\partial(\rho v)}{\partial t} + \nabla \cdot (\rho v V) = -\frac{\partial p}{\partial y} + \frac{\partial \tau_{xy}}{\partial x} + \frac{\partial \tau_{yy}}{\partial y} + \frac{\partial \tau_{zy}}{\partial z} + \rho f_y \tag{4-7}$$

（3）z 方向

$$\frac{\partial(\rho w)}{\partial t} + \nabla \cdot (\rho w V) = -\frac{\partial p}{\partial z} + \frac{\partial \tau_{xz}}{\partial x} + \frac{\partial \tau_{yz}}{\partial y} + \frac{\partial \tau_{zz}}{\partial z} + \rho f_z \tag{4-8}$$

（三）能量方程

1. 非守恒型

$$\rho \frac{\mathrm{d}}{\mathrm{d}t}\left(e + \frac{V^2}{2}\right) = \rho q + \frac{\partial}{\partial x}\left(K \frac{\partial T}{\partial x}\right) + \frac{\partial}{\partial y}\left(K \frac{\partial T}{\partial y}\right) + \frac{\partial}{\partial z}\left(K \frac{\partial T}{\partial z}\right) - \frac{\partial(up)}{\partial x} -$$
$$\frac{\partial(vp)}{\partial y} - \frac{\partial(wp)}{\partial z} + \frac{\partial(u\tau_{xx})}{\partial x} + \frac{\partial(u\tau_{yx})}{\partial y} + \frac{\partial(u\tau_{zx})}{\partial z} + \frac{\partial(v\tau_{xy})}{\partial x} + \tag{4-9}$$
$$\frac{\partial(v\tau_{yy})}{\partial y} + \frac{\partial(v\tau_{zy})}{\partial z} + \frac{\partial(w\tau_{xz})}{\partial x} + \frac{\partial(w\tau_{yz})}{\partial y} + \frac{\partial(w\tau_{zx})}{\partial z} + \rho f \cdot V$$

2. 守恒型

$$\frac{\partial}{\partial t}\left[\rho\left(e + \frac{V^2}{2}\right)\right] + \nabla \cdot \left[\rho\left(e + \frac{V^2}{2}\right)V\right] = \rho q + \frac{\partial}{\partial x}\left(K \frac{\partial T}{\partial x}\right) + \frac{\partial}{\partial y}\left(K \frac{\partial T}{\partial y}\right) +$$
$$\frac{\partial}{\partial z}\left(K \frac{\partial T}{\partial z}\right) - \frac{\partial(up)}{\partial x} - \frac{\partial(vp)}{\partial y} - \frac{\partial(wp)}{\partial z} + \frac{\partial(u\tau_{xx})}{\partial x} + \frac{\partial(u\tau_{yx})}{\partial y} + \frac{\partial(u\tau_{zx})}{\partial z} + \tag{4-10}$$
$$\frac{\partial(v\tau_{xy})}{\partial x} + \frac{\partial(v\tau_{yy})}{\partial y} + \frac{\partial(v\tau_{zy})}{\partial z} + \frac{\partial(w\tau_{xz})}{\partial x} + \frac{\partial(w\tau_{yz})}{\partial y} + \frac{\partial(w\tau_{zx})}{\partial z} + \rho f \cdot V$$

式中　ρ——密度，kg/m^3；

$\quad\quad t$——时间，s；

$\quad\quad \nabla$——哈密顿算子；

$\quad\quad V$——速度，m/s；

u、v、w——速度在 x、y、z 方向上的分量，m/s；

$\quad\quad p$——压力，Pa；

$\quad\quad f$——体积力，N；

$\quad\quad \tau$——剪切力，N；

$\quad\quad K$——热传导率，$W/(m \cdot K)$；

$\quad\quad q$——热通量，J/s；

$\quad\quad e$——内能，J。

二、无黏流动方程

无黏流动是指忽略流动中的黏性耗散和运输现象以及热传导的流动。对于非定常、三维可压缩无黏流动，其控制方程是：

（一）连续方程

1. 非守恒型

$$\frac{\mathrm{d}\rho}{\mathrm{d}t} + \rho \nabla \cdot V = 0 \tag{4-11}$$

2. 守恒型

$$\frac{\partial \rho}{\partial t} + \nabla \cdot (\rho V) = 0 \tag{4-12}$$

（二）动量方程

1. 非守恒型

（1）x 方向

$$\rho \frac{\mathrm{d}u}{\mathrm{d}t} = -\frac{\partial p}{\partial x} + \rho f_x \tag{4-13}$$

（2）y 方向

$$\rho \frac{\mathrm{d}v}{\mathrm{d}t} = -\frac{\partial p}{\partial y} + \rho f_y \tag{4-14}$$

（3）z 方向

$$\rho \frac{\mathrm{d}w}{\mathrm{d}t} = -\frac{\partial p}{\partial z} + \rho f_z \tag{4-15}$$

2. 守恒型

（1）x 方向

$$\frac{\partial(\rho u)}{\partial t} + \nabla \cdot (\rho u V) = -\frac{\partial p}{\partial x} + \rho f_x \tag{4-16}$$

（2）y 方向

$$\frac{\partial(\rho v)}{\partial t} + \nabla \cdot (\rho v V) = -\frac{\partial p}{\partial y} + \rho f_y \tag{4-17}$$

（3）z 方向

$$\frac{\partial(\rho w)}{\partial t} + \nabla \cdot (\rho w V) = -\frac{\partial p}{\partial z} + \rho f_z \tag{4-18}$$

（三）能量方程

1. 非守恒型

$$\rho \frac{\mathrm{d}}{\mathrm{d}t}\left(e + \frac{V^2}{2}\right) = \rho q - \frac{\partial(up)}{\partial x} - \frac{\partial(vp)}{\partial y} - \frac{\partial(wp)}{\partial z} + \rho f \cdot V \tag{4-19}$$

2. 守恒型

$$\frac{\partial}{\partial t}\left[\rho\left(e + \frac{V^2}{2}\right)\right] + \nabla \cdot \left[\rho\left(e + \frac{V^2}{2}\right)V\right] = \rho q - \frac{\partial(up)}{\partial x} - \frac{\partial(vp)}{\partial y} - \frac{\partial(wp)}{\partial z} + \rho f \cdot V \tag{4-20}$$

第五节　初　始　条　件

在瞬态（非稳态）问题中，需要给出流动区域内各个计算点的所有流动变量的初值，即初始条件。除了在计算开始前初始化相关数据外,并不需要做其他的特殊处理。稳态问题不需要初始条件。

在给定初始条件时,应注意以下两点:

(1)针对所有计算变量,给定整个计算域内各单元的初始条件。

(2)初始条件一定是物理上合理的。否则,一个物理上不合理的初始条件必然导致不合理的计算结果。而给定合理的初始条件,只能靠经验或实测结果。

第六节　边 界 条 件

所谓边界条件,是指在求解域的边界上所求解的变量或其一阶导数随地点及时间变化的规律。只有给定了合理边界条件的问题,才能计算得出流场的解。因此,边界条件是使 CFD 问题有定解的必要条件,任何一个 CFD 问题都不可能没有边界条件。

在 CFD 模拟时,常用的边界条件包括流动进口边界条件、流动出口边界条件、给定压力边界条件、壁面边界条件、对称边界条件和周期性边界条件。

第七节　网 格 生 成

网格生成是建立 CFD 模型的基础。生成高质量的网格有益于提升 CFD 的计算精度和计算效率。网格生成技术的关键因素是对几何外形的适应性和生成网格的时间、费用。对于复杂的 CFD 问题,网格生成既耗时,又易出错,因此生成网格所需的时间常常大于实际 CFD 计算的时间。

一、网 格 单 元

单元是构成网格的基本元素。在结构网格中,常用的二维网格单元是四边形单元[图 4-2(2)],常用的三维网格单元是六面体单元[图 4-3(2)]。而在非结构网格中,常用的二维单元还有三角形单元[图 4-2(1)],常用的三维网格单元还有四面体单元[图 4-3(1)]和五面体单元,其中五面体单元还可分为棱锥形[或楔形,如图 4-3(3)]和金字塔形单元[图 4-3(4)]等。

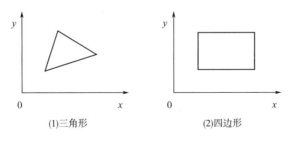

(1)三角形　　　　　　　　(2)四边形

图 4-2　常用的二维网格单元

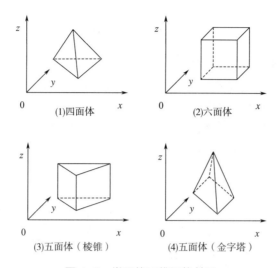

(1)四面体　　　　(2)六面体

(3)五面体（棱锥）　　(4)五面体（金字塔）

图4-3　常用的三维网格单元

二、网 格 类 型

网格分为结构网格和非结构网格。在结构网格（图4-4）中，节点排列有序、邻点间关系明确。而在非结构网格（图4-5）中，节点的位置无法用固定的规则进行有序的命名。非结构网格虽然生成过程较为复杂，但具有很好的适应性，特别是对于具有复杂边界的流场问题。非结构网格常常通过特定的程序或软件来生成，其缺点是需要较大的内存与计算量。

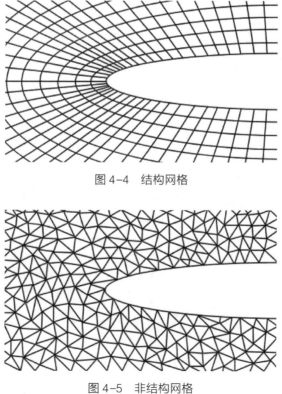

图4-4　结构网格

图4-5　非结构网格

三、网格区域

网格区域分为单连域和多连域。单连域是指求解区域边界线内不包含非求解区域。单连域内的任何封闭曲线都能连续地收缩至一点而不越过其边界。如果在求解区域内包含非求解区域，则称该求解区域为多连域。绕流流动都属于多连域问题。

对于绕流问题的多连域内的网格，有C形（图4-6）和O形（图4-7）两种。C形网格像一个变形的C字，围在翼型的外面。O形网格像一个变形的圆，一圈一圈地包围着翼型。这两种网格都属于结构网格。

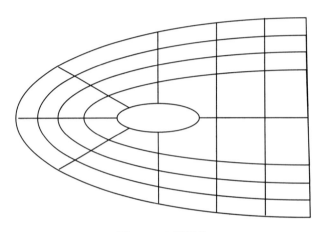

图4-6　C形网格

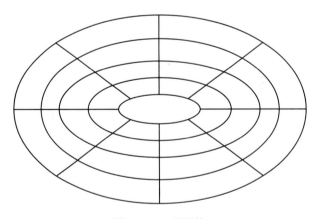

图4-7　O形网格

第八节　离　散　化

在对指定问题进行CFD计算之前，首先将计算区域离散化，即对空间上连续的计算区域进行划分，把它划分成许多个子区域，并确定每个区域中的节点，从而生成网格。然后将控制方程在网格上离散，把偏微分形式的控制方程转化为各个节点上的代数方程组。

由于因变量在节点之间的分布假设及推导离散方程的方法不同，求解流体流动和传热方程的数值计算方法较多，如有限差分法（Finite Difference Method，FDM）、有限元法（Finite Element Method，FEM）和有限体积法（Finite Volume Method，FVM）。

一、有限差分法（FDM）

FDM 是数值解法中一种比较古老的算法，曾是最主要的数值计算方法。它是将求解域划分为差分网格，用有限个网格节点代替连续的求解域，然后将偏微分方程的所有微分项用相应的差商代替，推导出含有离散点上有限个未知数的差分方程组。求差分方程组的解，就是微分方程定解问题的数值近似解，这是一种直接将微分问题变为代数问题的近似数值解法。

二、有限元法（FEM）

FEM 是 20 世纪 60 年代出现的一种数值计算方法。FEM 是将一个连续的求解域任意分成适当形状的许多微小单元，并于各小单元分片构造插值函数。然后根据极值原理（变分或加权余量法），将问题的控制方程转化为所有单元上的 FEM 方程。把总体的极值作为各单元极值之和，形成嵌入了指定边界条件的代数方程组，求解该方程组就得到各节点上待求的函数值。

三、有限体积法（FVM）

FVM 又称控制体积法（Control Volume Method，CVM），是在 FDM 的基础上发展起来的一种离散化方法，其基本思路是：将计算区域划分为网格，并使每个网格点周围有一个互不重复的控制体积；将待解微分方程对每一个控制体积积分，从而得出一组离散方程。其中的未知数是网格点上的特征变量。为了求出控制体积的积分，必须假定特征变量值在网格点之间的变化规律。从积分区域的选取方法看，FVM 属于加权余量法中的子域法；从未知解的近似方法看，FVM 属于采用局部近似的离散方法。简而言之，子域法与离散就是 FVM 的基本方法。

图 4-8 所示为一维问题的 FVM 计算网格，图中标出了节点、有限体积、界面、网格线。图中 P 表示所研究的节点，其周围的控制体积也用 P 表示，东侧相邻的节点及相应的控制体积均用 E 表示，西侧相邻的节点及相应的控制体积均用 W 表示，控制体积 P 的东、西两个界面分别用 e 和 w 表示，两个界面的间距离用 Δx 表示。

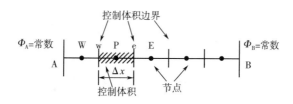

图 4-8 一维问题的 FVM 计算网格

图 4-9 所示为二维问题的 FVM 计算网格，图中阴影区域为节点 P 的控制体积。与一维问题不同，节点 P 除了有西侧邻点 W 和东侧邻点 E 外，还有北侧邻点 N 和南侧邻点 S。控制体积 P 的 4 个界面分别用 e、w、s 和 n 表示，在东西和南北两个方向上的控制体积宽度分别用 Δx 和 Δy 表示，Δx 可以不等于 Δy。而对于三维问题，增加上、下方向的两个控制体积，分别用 T 和 B 表示，控制体积的上、下界面分别用 t 和 b 表示。

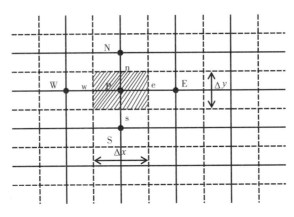

图 4-9　二维问题的 FVM 计算网格

第九节　SIMPLE 算法

SIMPLE 算法由 Patankar 与 Spalding 于 1972 年提出，是求解压力耦合方程组的半隐式方法。它是一种压力"预测—修正"的方法，通过不断地修正计算结果，反复选代，最后求出速度、压力的收敛解。

SIMPLE 算法的基本思路（图 4-10）：对于给定的压力场（它可以是假设的值，或是上一次选代计算所得到的结果），求解离散形式的动量方程，得出速度场。因为压力场是假定的或不精确的，由此得到的速度场一般不满足连续方程。因此，必须对给定的压力场加以修正。修正的原则：与修正后的压力场相对应的速度场能满足这一迭代层次上的连续方程。据此原则，把由动量方程的离散形式所规定的压力与速度的关系代入连续方程的离散形式，从而得到压力修正方程，由压力修正方程得出压力修正值。接着，根据修正后的压力场，求得新的速度场。然后检查速度场是否收敛。若不收敛，用修正后的压力值作为给定的压力场，开始下一层次的计算。如此反复，直到获得收敛的解。

在求解过程中，如何构造压力修正方程与速度修正方程是 SIMPLE 算法的两个关键问题。

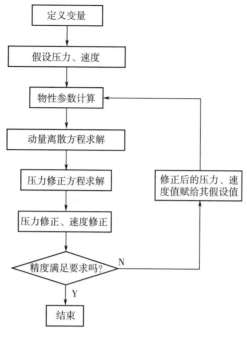

图 4-10　SIMPLE 算法流程图

第十节　CFD 软件

从使用者的角度而言，按 CFD 工作流程图求解 CFD 的过程显得较为复杂。为方便用户使用 CFD 软件处理不同类型的工程问题，CFD 商用软件将复杂的 CFD 过程集成，通过一定的接口，让用户快速地输入问题的有关参数。所有的商用 CFD 软件均包括三个基本环节：前处理、求解和后处理。与之对应的程序模块常简称：前处理器、求解器和后处理器。

一、前 处 理 器

前处理器用于完成前处理工作。前处理环节是向 CFD 软件输入所求问题的相关数据，该过程一般是借助与求解器相对应的对话框等图形界面来完成的。在前处理阶段需要用户进行的工作如下：

（1）定义所求问题的几何计算域。

（2）将计算域划分成多个互不重叠的子区域，形成由网格单元组成的网格。

（3）对所要研究的物理和化学现象进行抽象，选择相应的控制方程。

（4）定义流体的属性参数。

（5）为计算域边界处的单元指定边界条件。

（6）对于瞬态问题，指定初始条件。

二、求 解 器

求解器的核心是数值求解方案。常用的数值求解方案包括 FDM、FEW 和 FVM 等。总体上讲，这些方法的求解过程大致相同，求解步骤如下：

（1）借助简单函数近似待求的流动变量。

（2）将该近似关系代入连续型的控制方程中，形成离散方程组。

（3）求解代数方程组。

各种数值求解方案的主要差别在于流动变量被近似的方式及相应的离散化过程。FVM 是目前商用 CFD 软件广泛采用的方法。

三、后 处 理 器

后处理的目的是有效地观察和分析流动计算结果。随着计算机图形功能的提高，目前的 CFD 软件均配备了后处理器，提供了较为完善的后处理功能，包括：

（1）计算域的几何模型及网格显示。

（2）矢量图（如速度矢量线）。

（3）等值线图。

（4）填充型的等值线图（云图）。

（5）xy 散点图。

（6）粒子轨迹图。

（7）图像处理功能（平移、缩放、旋转等）。

第十一节　CFD 模拟"三传"过程

一、　CFD 模拟动量传递过程

动量传递（Momentum Transfer）是指在流动着的流体中动量由高速流体层向相邻的低速流体层转移的过程，如流体输送、过滤、沉降、固体流态化等，遵循流体力学基本规律。动量传递过程包含多相湍流的复杂过程，涉及变量的范围较广，因此动量传递过程一直未能被精确地预测。应用 CFD 对动量传递过程中浓度场、温度场、压力场和速度场进行模拟，能够优化动量传递过程，对于建立动量传递的理论基础具有重大的现实意义。

（一）典型案例概述

（1）Yang 运用 CFD 对清洗食品加工设备时所需中间冲洗水的驱替时间、最小耗水量、最小产生量和最小需要量进行了评价，并提出了一种用于计算低用水量冲洗步骤的创新算法。与传统的冲洗方法相比，清洗剂的回收率可达体积的 89.3%，中间冲洗水的节约率可达 55% 以上。

（2）Getahun 研究了用于鲜果运输的 T 形和平板型冷藏集装箱内的气流分布，建立了气流的计算流体力学模型，并进行了实验验证。结果表明，T 形冷藏集装箱与平板型冷藏集装箱相比，空气再循环区明显减小，垂直均匀气流运动增强。

（3）Dantas 采用耦合流体流动、传热、扩散和失活/降解动力学的方法，对扩散层流条件下的食品热加工过程进行了数值模拟，创建了一个对设计、分析、控制和优化有用的过程虚拟原型。

（4）Ameur 研究了无挡板圆柱容器中复杂非牛顿流体的混合特性，比较了 U 形、双 U 形、V 形和 W 形切割叶轮叶片的优劣。结果表明，与普通叶片相比，在叶片中引入切口不仅减小了孔洞尺寸，而且降低了功耗。V 形或 W 形切割叶片的节能和混合效果最佳。

（5）Bo 利用 Fluent 软件对高压微射流均质器内部流场进行了数值模拟，研究了均质压力、油水比和温度。正交实验数值模拟得到的最佳参数组合为 20℃、70 MPa、1∶12。模型的有效性可以为均质器的开发和使用提供重要的参考。

（6）Rinaldi 研究了罐体几何形状和淀粉浓度对食品模型传热和流体流动的影响，通过实验数据验证了数学模型的正确性，并将其用于传热和流体流动的比较。整体传热系数受罐体几何形状的影响，在低淀粉浓度下，喇叭形罐体的传热系数最高，在高淀粉浓度时，高圆筒型罐体传热系数最高。对于自然对流，方形罐体平均速度最高，而喇叭形罐体平均速度最低。

（7）Šćepanović 对面团模型进行了非均匀流动的计算研究，通过小振幅振荡剪切、应力松弛、简单剪切启动和压缩实验，得到了模型参数的值。又使用 OpenFOAM 软件中的有限体积程序对流动问题进行了数值求解。结果显示，平面拉伸对显微组织的破坏作用最大。

（二）典型案例解析

［例 4-1］　搅拌介质磨机湿法制备荷叶粉及其动力学研究（俞建峰，2018）。

采用搅拌介质磨机湿法研磨制备荷叶粉。考察不同搅拌转速下 30min 内荷叶粉的粒径变化情况，借助研磨过程解析模型对荷叶粉湿法研磨动力学进行研究；并基于 CFD-DEM（离散单元模型）耦合方法，分析不同搅拌转速下研磨剪切率分布和研磨介质平均碰撞能量的变化情况。

1. 模型构建及网格划分

棒销式搅拌介质磨机研磨腔基本结构如图 4-11 所示。研磨腔内壁直径 95mm，长度为 100mm，研磨腔容量为 0.5L，搅拌器转轴转速 200~3000r/min（可调）。

图 4-11　介质磨机研磨腔

应用 Fluent 17.0 的前处理软件 ICEM 建立搅拌研磨流体计算域网格模型。为简便运算和节省时间，在三维建模过程中只截取研磨腔一段进行模拟，且省略了圆角、倒角等细节。为提高计算效率和计算精度，仿真计算中采用结构化网格，共划分 139544 个，流体区域结构网格划分如图 4-12 所示。计算区域分为两部分，包含搅拌器在内的旋转区域和静止区域。

图 4-12   流体区域结构化网格划分

2. 计算流体力学模型

基于欧拉-拉格朗日方法的 CFD-DEM 耦合模型对搅拌介质磨机研磨过程进行模拟研究。应用流体力学仿真软件 Fluent 17.0 进行流场模拟，研磨腔内流体选用水，水是牛顿流体，流体雷诺数 Re 与流体密度 ρ、流体黏度 μ 有关，计算公式为式（4-21）：

$$Re = \frac{\rho u d}{\mu} \tag{4-21}$$

式中 Re——雷诺数；

ρ——流体密度，kg/m^3；

u——流速，m/s；

d——当量直径，m；

μ——流体黏度，Pa·s。

当量直径 $d = 0.095m$。u 取棒销末端线速度，棒销半径 $r = 0.04m$，经计算工程中的临界雷诺数为 $Re_c = 2300$，当雷诺数 $Re > Re_c$ 时，流体运动状态属于湍流。不同转速下的流体运动状态如表 4-1 所示。

表 4-1   不同转速时流体流动状态

转速/（r/min）	Re	流体类型
1000	3.979×10^5	湍流
2000	7.958×10^5	湍流
3000	1.193×10^6	湍流

采用动参考系下滑移网格方法来解决旋转流动问题，滑移网格将计算区域分为两部分，包含搅拌器在内的旋转区域和静止区域。划分网格后，定义静止区域与旋转区域的动静耦合交界面、旋转区域与旋转元件的接触表面均为无相对运动。由于 $RNG-k-\varepsilon$ 在湍流能耗散率计算精

度较高,故采用 RNG-k-ε 湍流计算模型,假设无进出口边界条件,考虑到流体的黏性作用,固壁表面边界条件采用无滑移边界条件。收敛残差设定为 0.001。CFD-DEM 耦合迭代计算到收敛,Fluent 17.0 软件后处理得到流场特性云图,分析流场运动的规律。

3. 离散元模型

应用离散单元法模拟软件 EDEM 2.7 对研磨介质的运动情况进行仿真,离散单元法基于牛顿运动定律来描述每一个颗粒的运动。EDEM 和 Fluent 模拟中采用同一网格模型。搅拌介质磨机研磨腔体及搅拌器材料为钢,研磨介质材料为氧化锆球。表 4-2 为 EDEM 中物料属性。

表 4-2   颗粒模型的物理属性

材料	密度/(kg/m^3)	泊松比	剪切模量/GPa	恢复系数	静摩擦系数	滚动摩擦系数
钢	7800	0.30	70	0.4	0.6	0.01
氧化锆球	7850	0.25	50	0.4	0.6	0.01

EDEM 模拟在物理属性中选择颗粒与颗粒、颗粒与几何体的接触模型为赫兹-明德林(Hertz-Mindlin),即无滑动接触模型。设置好全局参数后,利用 EDEM 软件 Simulator 模块进行仿真计算。利用 EDEM 软件后处理部分对研磨介质质量、研磨介质碰撞总次数、研磨介质相对法向平均速度等数据进行提取。

4. 流体力学黏性能量耗散率表征

在不可压缩的各向同性湍流能量流动过程中,黏性能量耗散率 P 是黏度和平均速度梯度的函数。可以用来分析研磨腔中各部分的研磨效果,其定义为式(4-22):

$$P = \mu\varphi_v \tag{4-22}$$

式中 φ_v——能量耗散函数。

能量耗散函数 φ_v 的定义为式(4-23):

$$\varphi_v = 2\left[\left(\frac{\partial u}{\partial x}\right)^2 + \left(\frac{\partial v}{\partial y}\right)^2 + \left(\frac{\partial w}{\partial z}\right)^2\right] + \left(\frac{\partial u}{\partial y} + \frac{\partial v}{\partial x}\right)^2 + \left(\frac{\partial v}{\partial z} + \frac{\partial w}{\partial y}\right)^2 + \left(\frac{\partial u}{\partial z} + \frac{\partial w}{\partial x}\right)^2 \tag{4-23}$$

式中 u——x 方向分速度,m/s;

　　　　v——y 方向分速度,m/s;

　　　　w——z 方向分速度,m/s。

在 Fluent 中不能直接取得黏性能量耗散率 P 的定义,研究认为可以选用剪切率 S 来替代表征:

$$S = \sqrt{P/\mu} \tag{4-24}$$

式中 S——剪切率。

由于水为牛顿流体,黏度是一常量,剪切率 S 与黏性能量耗散率 P 平方根成正比,可以用来表征搅拌介质磨机研磨腔局部研磨效果。

5. 结论

通过研究搅拌转速对剪切率分布(图 4-13)、荷叶粉粒径、荷叶粉研磨速率和研磨介质碰撞能量的影响,得出结论:荷叶粉湿法搅拌研磨过程符合一级研磨动力学方程。研磨过程中,随着荷叶粉粒径由大变小,荷叶粉研磨速率也随之减小。研磨过程中存在两种破碎方式:冲击破碎与摩擦破碎。提高搅拌转速，冲击破碎方式更加显著，荷叶粉颗粒获得能量增加，荷叶粉研磨速率也会随之增加。研磨介质平均碰撞能量与不同粒级研磨速率之间存在线性关系。提高搅拌转速，荷叶粉各粒级的研磨速率也会随之增加。模拟仿真结果可以应用于对荷叶粉研磨速率的预测。影响荷叶粉研磨速率的因素还有研磨介质颗粒大小、研磨介质填充率以及荷叶粉初始粒径等，相关内容有待进一步深入研究。

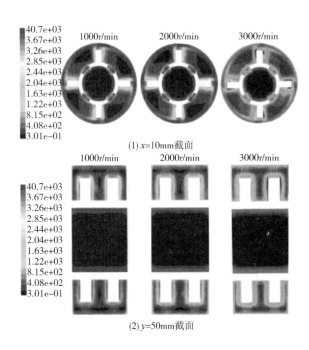

图 4-13　不同转速下剪切率分布

二、 CFD 模拟热量传递过程

热量传递（Heat Transfer）是指在物体内部或者物体之间，热量因温差的存在而自发地由高温处向低温处传递的过程，如加热、冷却、蒸发、冷凝等，遵循热量传递基本规律。应用CFD 对热对流、热传导和热辐射进行模拟，能清晰地了解热量传递的过程，对计算食品的传热系数、优化杀菌过程、设计冷冻柜等都具有重要的现实意义。

（一）典型案例概述

（1）Andreas 建立 CFD 模型探究高压均质器中液滴的温度分布，并研究在均质器中产生的摩擦热是否导致对温度敏感的分子（如营养物质）的热降解。结果表明，由于停留时间短，无论在何种工况下，高压均质器内都不会发生热降解。

（2）Zhang 将评价指标与 CFD 技术相结合，研究不同尺寸、不同位置的开舱门对冷藏车内部温度的影响。这不仅对打开冷藏车舱门时车厢内的流量分布和温度变化有了更详细地了解，而且为冷藏车的优化设计提供了可靠的理论依据。

（3）Woo 将传热模拟模型与基于模糊 C 均值聚类方法的分级系统成功地结合起来，优化了包装整粒玉米的杀菌过程。该方法根据玉米穗的大小和重量调整并获得最佳杀菌工艺，改善了玉米的质地和感官特性。

（4）Mukama 通过实验和模拟的双重方法，研究了石榴强制风冷过程中，容器设计、塑料衬套和堆置方向对气流、冷却速度和能耗的影响，为减少预冷过程中的用电量提供了一种较为经济可行的方法。

（5）Gruyters 利用基于 X 射线计算机断层成像图像的几何模型生成器，建立了可变的三维苹果模型，用 CFD 模拟了苹果的强制空气冷却过程，并与用等效球表示的结果进行了比较。结果表明，改进的计算机辅助设计方法有助于模拟更精确的对流冷却过程。在下一步，这些模拟将用于多目标优化包装方面的冷链效率和冷却均匀性。

（6）Pasban 提出了一种模拟苹果切片对流干燥过程中三维传热、传质耦合过程的数值方法，利用 Fluent 软件对外流场和温度场进行了数值模拟。结果显示，模拟结果与实验结果吻合较好，验证了该方法的鲁棒性、计算效率和精度。

（7）Schaer 提出了一种利用流变学测量和 CFD 方法确定换热器中酸乳结构损失的耦合方法。结果表明，该模型可以诊断机械应力，评估酸乳样品的纹理损失，并提供生产商无法获得的信息，以改进他们的工艺，优化酸乳等乳制品的生产线。

（二）典型案例解析

[例 4-2]　基于 CFD 数值模拟的豆腐干软罐头杀菌工艺优化（王磊，2017）。

运用 CFD 对豆腐干软罐头恒温热杀菌工艺进行优化，能够解决杀菌过程中存在的因杀菌过度而品质不佳问题。在传热学和品质动力学的基础上建立优化计算，构建豆腐干杀菌非稳态固体热传导模型，进行 CFD 数值模拟，获取豆腐干各节点的温度历史，再寻找杀菌值 F 不低于安全限值而蒸煮值 C 最小的升温方式，然后通过实验验证可行性，最终结合生产实际情况确定一种最为合理的升温方式。

1. 非稳态固体热传导模型

豆腐干软罐头传热的完整数学描述由固体内部传热控制方程、初始温度分布条件和对流传热边界条件构成。

（1）控制方程　豆腐干软罐头内部导热过程适用简化的三维非稳态导热微分方程：

$$\frac{\partial(\rho C_p T)}{\partial t} = \Delta(kT) \tag{4-25}$$

式中　Δ——$\dfrac{\partial^2}{\partial x^2} + \dfrac{\partial^2}{\partial y^2} + \dfrac{\partial^2}{\partial z^2}$，拉普拉斯算子，$x$、$y$、$z$ 代表笛卡尔坐标系；

　　　　k——固体的导热系数，W/(m·℃)；

　　　　T——固体微元的温度，℃；

　　　　ρ——固体密度，kg/m³；

　　　　C_p——固体的比热容，J/(kg·℃)；

　　　　t——传热时间，s。

（2）初始条件和边界条件

①初始条件：初始温度为 $T_1 = 15.8$℃。

②边界条件：流体—颗粒对流加热过程中，其边界控制方程为式（4-26）：

$$k\nabla T = -h(T_s - T_f) \tag{4-26}$$

式中　∇——$\dfrac{\partial}{\partial x}i + \dfrac{\partial}{\partial y}j + \dfrac{\partial}{\partial z}k$，哈密顿算子，$i$、$j$、$k$ 分别代表 x、y、z 坐标轴上的单位矢量；

h——对流传热系数，W/（m²·℃）；

T_s——固体表面温度，℃；

T_f——对流温度，℃。

（3）几何模型的构建及网格划分 豆腐干建模如图 4-14（1）所示；豆腐干模型网格划分如图 4-14（2）所示，其中单元数量为 99284 个。

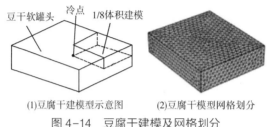

(1)豆腐干模型示意图 (2)豆腐干模型网格划分

图 4-14 豆腐干建模及网格划分

2. 限制条件

为确保豆腐干软罐头的安全性，优化方法以微生物热致死模型作为限制条件。使用 Z 值模型，F_z 值表示参考温度在 121.1℃ 的微生物等效致死时间，见式（4-27）：

$$F_z = \int_0^t 10^{\left(\frac{T_{sh} - T_{ref}}{z}\right)} \mathrm{d}t \tag{4-27}$$

式中 t——杀菌时间，s；

T_{sh}——样品冷点温度，℃；

T_{ref}——参考温度，取 121.1℃；

z——微生物对热的敏感性，其值为 D 值变化一个对数值所需温度，通常取 10℃。

3. 目标函数

在满足限制条件的基础上，为进一步筛选能够有效降低品质破坏的升温方式，采用蒸煮值模型作为品质指标，即优化的目标函数。

（1）蒸煮值 蒸煮值（Cooking Value）简称 C 值，表征品质破坏的程度。C 值越大，则品质破坏越严重，反之说明品质保存率高，见式（4-28）：

$$C = \int_0^t 10^{\left(\frac{T - T_{ref}}{z_q}\right)} \mathrm{d}t \tag{4-28}$$

式中 T_{ref}——100℃；

z_q——品质对热的敏感性，整体品质通常取 33℃。

（2）中心 C 值 中心 C 值，即 C_c，表征中心品质破坏的程度，见式（4-29）：

$$C_c = \int_0^t 10^{\left(\frac{T_c - T_{ref}}{z_q}\right)} \mathrm{d}t \tag{4-29}$$

式中 T_c——样品中心温度，℃。

（3）表面 C 值 表面 C 值，即 C_s，表征表面品质破坏的程度，见式（4-30）：

$$C_s = \int_0^t 10^{\left(\frac{T_s - T_{ref}}{z_q}\right)} \mathrm{d}t \tag{4-30}$$

式中 T_s——样品表面温度，℃。

（4）体积平均 C 值 由于数值计算可以获得模型几何空间中任意节点的温度时间历史，

因此可对食品进行整体的动力学分析。C_{avg} 能够较为全面地评价样品整体的品质保持率，见式（4-31）：

$$C_{avg} = \frac{1}{V} \int_0^V \int_0^t 10^{\left(\frac{T - T_{ref}}{z_q}\right)} \mathrm{d}t \mathrm{d}V \qquad (4-31)$$

式中　V——样品体积，m^3。

4. 温度数据采集及传热学、动力学参数数值计算

（1）杀菌全程温度数据采集

①采集杀菌釜对流温度：杀菌完成后，根据采集的数据拟合时间-温度函数，并取最慢加热区的温度函数。

②采集样品表面及杀菌冷点温度：表面、中心温度采集装置如图 4-15（1）所示。温度采集位置如图 4-15（2）所示。灭菌完成后，表面和中心的温度均取最慢加热区温度历史，且该样品中心为灭菌冷点。

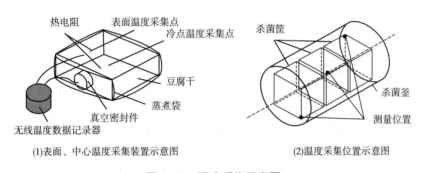

(1)表面、中心温度采集装置示意图　　　　(2)温度采集位置示意图

图 4-15　温度采集示意图

（2）计算对流传热系数 h　根据采集的对流温度函数，假设系列 h 值，应用 CFD 软件输入式（4-25）、式（4-26）及物理参数进行杀菌全程的模拟，将模拟的与试验采集的冷点温度数据按照最小温度目标总体差平方和法（Least Summation of the Squared Temperature Difference for Overall Target，LSTD）计算并搜索升温、保温和降温的对流传热系数 h，见式（4-32）：

$$LSTD = \sum_{n=0}^{n=m} (T_{sn} - T_{cn})^2 \qquad (4-32)$$

式中　$LSTD$——温度差平方和，$\mathrm{°C}^2$；

　　　T_{sn}、T_{cn}——在共为 m 个的第 n 个时间点分别由数值模拟和采集获得的温度，$\mathrm{°C}$。

（3）计算 F 值、C_s 值和 C_{avg} 值　根据采集的冷点和表面温度历史分别计算 F 值和 C_s 值。应用 CFD 软件，输入式（4-25）、式（4-26），构建三维非稳态固体传热方程，并将前两步获得的对流温度和对流传热系数输入边界条件，求解计算，后处理器导出所有网格单元的温度历史计算 C_{avg} 值。

5. 优化搜索模型

（1）预设一系列不同的梯度升温模式，随后应用 CFD 软件模拟原恒温杀菌过程和预设模式，后处理器导出冷点、表面及所有网格单元的温度历史。动力学计算模拟得到 F 值，在 F 值达到标准后计算该升温方式的 C_s 值，相比于原有的恒温杀菌方式（116℃保温30min），当 C_s 值有效减少后（>5%），则认定该升温方式能够满足安全标准并能有效减小

品质损失。

（2）将选出的梯度升温杀菌方式进行试验验证，根据实际采集的数据计算实际 F 值、C_s 值；根据模拟结果计算 C_{avg} 值。

（3）根据计算结果，结合实际生产的要求，最终确定一种梯度升温模式作为豆腐干新杀菌工艺。

6. 结论

研究最终得到一种既能满足安全指标，品质劣化程度又显著降低的豆腐干软罐头梯度升温杀菌工艺。该杀菌工艺温度峰值能够满足工业化生产需求。研究结果为固体软罐头食品的变温杀菌工艺优化提供参考。

三、 CFD 模拟质量传递过程

质量传递（MassTransfer）是指物质在介质中因化学势差（浓度差）的作用发生由化学势高的部位向化学势低的部位迁移的过程，如蒸馏、吸收、萃取、干燥等，遵循质量传递基本规律。直接测定质量传递中物质的流量、流速是相当困难的。应用 CFD 可以解决这些困难，实现整个质量传递过程的数值模拟，更好地优化质量传递过程及其设备。

（一）典型案例概述

（1）Olenskyj 采用 CFD 方法分析了玉米醇溶蛋白纳米粒凝聚过程中等值面的对流通量、扩散通量、速度大小、压力和剪切应力，发现只有压力始终与纳米粒直径的减小和多分散指数的增加相关。这一发现可能会影响微流体抗溶剂沉淀工艺的未来发展。此外，CFD 模拟可用于预测随着工艺参数的变化而变化的纳米粒性能，从而减少物理试验。

（2）Ramachandran 采用商用 CFD 软件包，将湿筒干燥模型与过热蒸汽外流模型相结合，对酒糟颗粒干燥过程中的传热、传质现象进行了数值研究。结果表明，采用这种耦合方法进行模拟，可以在不确定质量边界层的情况下，得到球团内部和界面处质量通量的完整分布。该模型可作为大型过热蒸汽干燥系统设计和优化的初步工具。

（3）Orona 采用耦合的 CFD-DPM（离散相模型）-DEM 模拟方法，研究了一种具有运动食物球和多个射流的流体化系统，研究了操作变量（流量、温度）和球孔数对动量、传热和传质的影响。结果表明，CFD-DPM-DEM 是对食品加工系统进行相对较低成本仿真的强大工具，可以更真实地描述该系统。

（4）Khampakool 研究了红外辅助冷冻干燥生产香蕉零食的效果，利用指数模型、佩奇（Page）模型和扩散模型对干燥动力学进行了评估。结果表明，红外辅助冷冻干燥具有生产高品质香蕉零食的潜力，并在干燥过程中节省了大量的时间成本、人力成本。

（5）Woo 研究了大豆在 25℃复水过程中水分含量的变化。采用法勒（Peleg）模型估计大豆达到目标含水率（33.33%）所需的浸泡时间为 14.59min。采用大本（Omoto）模型和仿真模型，通过两个计算步骤确定了传质模拟的传质系数 k。确定最适合模拟的 k 值为 $6.0×10^{-7}m^2/s$，高于 Omoto 模型得到的表观 k 值。

（二）典型案例解析

[例 4-3]　基于 Fluent 的菊花热风干燥流场特性仿真分析（李赫，2018）。

以 ZDG230 型负压式电加热干燥机为试验样机，运用 FLUENT 软件分析菊花烘干过程中干燥机内部的流场分布特性，为今后优化菊花干燥工艺、提高菊花干燥品质提供参考。

1. 几何建模和网格划分

ZDG230 型负压式干燥机干燥室的内尺寸为 125cm（长）×93cm（宽）×127cm（高），建模时默认选用干燥机的中心为坐标系的原点。干燥室的菊花层数设计为 10 层，则菊花堆积区域（多孔介质区域）在 z 坐标轴上的对应区间为（46.5cm，78.2cm），干燥机的物理模型如图 4-16 所示。

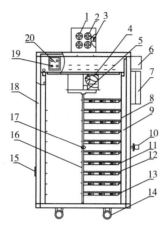

图 4-16　干燥机物理模型示意图

1—热交换管　2—进气口　3—排湿口　4—风机叶片　5—风机电机　6—风机变频器　7—自动控制器　8—多空风道
9—多空盘　10—门锁夹　11—多空突出盘　12—托盘架　13—托盘　14—地轮　15—门合页
16—托盘支架　17—温度传感器　18—门密封材料　19—电加热器固定台　20—电加热器

通过前处理软件 GAMBIT 进行网格划分，为兼顾计算精度和运算效率，采用六面体网格单元分块划分网格的方案。在干燥机的菊花堆积区域（多孔介质区域）采用较密的网格划分格式，而在其他区域则采用相对稀疏的网格划分格式，共产生 $2.45×10^6$ 个网格单元。

2. 基本假设

根据负压式电加热干燥机两侧送风的特点，设定湿菊花的热风干燥过程为典型的多孔介质热质传递过程，对传热过程做以下假设：

（1）干燥机的干燥室内分布有装料门，从简化数学模型的角度出发，认为其物性参数和聚氨酯的物性参数是一致的。

（2）干燥机内空气为不可压缩的理想气体。

（3）菊花与菊花之间的热传导忽略不计。

（4）由于热空气温度不高，所以仅考虑对流传热，不计辐射传热。

（5）干燥机的通风排湿顺畅。

（6）干燥机的聚氨酯箱壁为绝热体，其热容量忽略不计。

3. 计算模型建立

研究在菊花烘干过程中干燥机内部流场分布及变化规律。式（4-33）为质量守恒方程的表达式：

$$\frac{\partial \rho}{\partial t} + \frac{\partial (\rho u)}{\partial x} + \frac{\partial (\rho v)}{\partial y} + \frac{\partial (\rho w)}{\partial z} = 0 \qquad (4-33)$$

引入哈密顿算子 $\nabla = \dfrac{\partial a_x}{\partial x} + \dfrac{\partial a_y}{\partial y} + \dfrac{\partial a_z}{\partial z}$，式（4-33）可写为：

$$\frac{\partial \rho}{\partial t} + \nabla = 0 \tag{4-34}$$

式中　　ρ——密度，kg/m^3；

　　　　t——时间，s；

　　　　μ——速度矢量，m/s；

u、v、w——速度矢量 μ 在 x、y、z 方向的分量，m/s。

标准 $k\text{-}\varepsilon$ 两方程模型是由湍流动能 k 方程和湍流动耗散率 ε 的方程共同构成的：

$$\frac{\partial(\rho k)}{\partial t} + \frac{\partial(\rho k u_i)}{\partial x_i} = \frac{\partial}{\partial x_j}\left[\left(\mu + \frac{\mu_t}{\sigma_k}\right)\frac{\partial k}{\partial x_j}\right] + G_k + G_b - \rho\varepsilon - Y_M + S_k \tag{4-35}$$

$$\frac{\partial(\rho\varepsilon)}{\partial t} + \frac{\partial(\rho\varepsilon w_i)}{\partial x_j} = \frac{\partial}{\partial x_j}\left[\left(\mu + \frac{\mu_t}{\sigma_k}\right)\frac{\partial\varepsilon}{\partial x_j}\right] + C_{1\varepsilon}\frac{\varepsilon}{k}(G_k + C_{3\varepsilon}G_b) - C_{2\varepsilon}\rho\frac{\varepsilon^2}{k} + S_\varepsilon \tag{4-36}$$

式中　　G_b——由于浮力引起的湍流动能 k 的产生项；

　　　　G_k——由于平均速度梯度引起的湍流动能 k 的产生项；

　　　　Y_M——代表可压湍流中脉动扩张的贡献，$Y_M = 0$；

σ_k、σ_ε——与湍流动能 k 和耗散率 ε 对应的普朗特数，分别为 1.0、1.3；

　　　　S_ε、S_k——用户自定义的源项；

$C_{1\varepsilon}$、$C_{2\varepsilon}$、$C_{3\varepsilon}$——经验常数，分别为 1.44、1.92、0.00。

4. 边界条件

选用湍流参数为湍流强度 I 和水力直径 D_H 来定义流场边界上的湍流。根据流体力学的经典理论，湍流强度 I 和水力直径 D_H，可由式（4-37）、式（4-38）得到：

$$I = 0.16(Re_{D_H})^{\frac{1}{8}} \tag{4-37}$$

$$D_H = 4 \times \frac{A}{P_w} \tag{4-38}$$

式中　　Re_{D_H}——以水力直径 D_H 为特征长度求出的雷诺数；

　　　　A——截面面积，mm^2；

　　　　P_w——湿周（即过流断面上流体与固体壁面接触的周界线），mm。

选用压力出口边界条件，出口气流的压力为 50.1kPa，出口气流的温度为实测温度 40℃干燥机壁面为绝热壁面。

5. 结论

应用 Fluent 软件对模型的求解计算实现了菊花热风干燥过程中流场分布的数值模拟，得到了菊花干燥过程中的速度场（图 4-17）、压力场（图 4-18）及温度场（图 4-19）的分布规律。在菊花放置区域干燥机内流场速度随烤箱高度而增大，风速大致在 0.47~8.04m/s 时呈梯度变化；干燥室内压力沿干燥机 z 轴方向不断减小，不同高度平面上差别明显，在同一高度上各托盘内物料压力场分布较为均匀；在干燥初始阶段菊花放置区域初期温度场分布最大温差接近 10℃，且其温度场分布在竖直轴心方向温度较低，随着干燥时间的推移，其温度场分布逐渐趋于均匀。

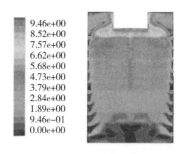

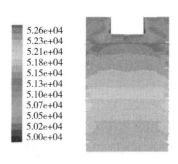

图 4-17　干燥机内部速度场分布图　　　图 4-18　干燥机内部压力场分布图

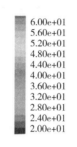

图 4-19　干燥机内部温度场分布图

第十二节　本 章 结 语

　　2015 年 5 月 19 日，国务院印发《中国制造 2025》，这是中国版的"工业 4.0"规划。我国食品行业具有巨大的发展潜力，市场需求极大，智能制造对食品行业发展将带来巨大推动。一方面，智能制造使机器人生产代替人工操作，大大提升了行业的生产效率；另一方面，智能制造的应用使智能环保和智能健康领域的新产品得到开发应用。

　　CFD 在食品过程工程中具有广阔的应用前景。CFD 使研究人员更好地了解食品过程工程中各物料的理化特性、流动情况和能量分布，掌握实验结果背后的机制，最终为优化加工工艺和生产设备提供便利。CFD 在产品的原型设计、参数化设计、虚拟实验、设计优化等方面均有无可比拟的优越性。CFD 与智能制造相结合将有助于加快中国食品行业与国际接轨，使中国食品行业快步搭上"工业 4.0"的快车。

　　虽然 CFD 为研究人员提供了诸多便利，但仍有一系列问题亟待解决，如 CFD 软件包不够全面、CFD 模拟大型三维问题的精确性不高、部分 CFD 模拟成果不能运用到实际生产等。相信随着计算机技术的不断发展和 CFD 软件包的日趋成熟，CFD 将会成为更加强大的工具，也将被更多地应用于食品过程工程中，成为一种更简便、快捷、高效、廉价的工具，为食品工业变革性发展助力。

参 考 文 献

［1］ Ameur H. Modifications in the Rushton turbine for mixing viscoplastic fluids ［J］. Journal of Food Engineering, 2018（233）：117-125.

［2］ Anderson J D, Jr. Governing equations of fluid dynamics ［M］. Computational Fluid Dynamics. Springer Berlin Heidelberg, 2009.

［3］ Andreas H. Can high-pressure homogenization cause thermal degradation to nutrients? ［J］. Journal of Food Engineering, 2019（240）：133-144.

［4］ Blazek J. Computational fluid dynamics：principles and applications（second edition）［M］. Elsevier, 2005.

［5］ Bo J, Yanbin S, Guimei L, et al. Nanoemulsion prepared by homogenizer：the CFD model research ［J］. Journal of Food Engineering, 2019（241）：105-115.

［6］ Dantas J A T A, Gut J A W. Modeling sterilization value and nutrient degradation in the thermal processing of liquid foods under diffusive laminar flow with associations of tubular heat exchangers ［J］. Journal of Food Process Engineering, 2018.

［7］ Getahun S, Ambaw A, Delele M, et al. Experimental and numerical investigation of airflow inside refrigerated shipping containers ［J］. Food & Bioprocess Technology, 2018（11）：1164-1176.

［8］ Gruyters W, Verboven P, Diels E, et al. Modelling cooling of packaged fruit using 3D shape models ［J］. Food and Bioprocess Technology, 2018（11）：2008-2020.

［9］ Khampakool A, Soisungwan S, Park S H. Potential application of infrared assisted freeze drying（IRAFD）for banana snacks：drying kinetics, energy consumption, and texture ［J］. Lebensmittel-Wissenschaft und-Technologie/Food Science and Technology, 2019（99）：355-363.

［10］ Mukama M, Ambaw A, Berry T M, et al. Energy usage of forced air precooling of pomegranate fruit inside ventilated cartons ［J］. Journal of Food Engineering, 2017（215）：126-133.

［11］ Olenskyj A G, Feng Y, Lee Y. Continuous microfluidic production of zein nanoparticles and correlation of particle size with physical parameters determined using CFD simulation ［J］. Journal of Food Engineering, 2017（211）：50-59.

［12］ Orona J D, Zorrilla S E, Manuel P J. Sensitivity analysis using a model based on computational fluid dynamics, discrete element method and discrete phase model to study a food hydrofluidization system ［J］. Journal of Food Engineering, 2018（237）：183-193.

［13］ Pasban A, Sadrnia H, Mohebbi M, et al. Spectral method for simulating 3D heat and mass transfer during drying of apple slices ［J］. Journal of Food Engineering, 2017（212）：201-212.

［14］ Patankar S V, Spalding D B. A calculation procedure for heat, mass and momentum transfer in three-dimensional parabolic flows ［J］. International Journal of Heat and Mass Transfer, 1972, 15（10）：1787-1806.

［15］ Pozrikidis C. Introduction to theoretical and computational fluid dynamics ［M］. Introduction to theoretical and computational fluid dynamics. Oxford University Press, 2011.

［16］ Ramachandran R P, Akbarzadeh M, Paliwal J, et al. Three-dimensional CFD modelling of superheated steam drying of a single distillers' spent grain pellet ［J］. Journal of Food Engineering, 2017 (212): 121-135.

［17］ Rinaldi M, Malavasi M, Cordioli M, et al. Investigation of influence of container geometry and starch concentration on thermal treated in-package food models by means of Computational Fluid Dynamics (CFD) ［J］. Food and Bioproducts Processing, 2018 (108): 1-11.

［18］ Šćepanović, P, Goudoulas T B, Germann N. Numerical investigation of microstructural damage during kneading of wheat dough ［J］. Food Structure, 2018 (16): 8-16.

［19］ Schaer N, Odinot J, Tang K, et al. Numerical study of a plate heat exchanger using CFD: comparison of texture loss assessed by rheological measurements ［J］. Journal of Food Process Engineering, 2018.

［20］ Wesseling P. Principles of computational fluid dynamics ［M］. Springer, 2001.

［21］ Woo P H, Byong Y W. Development of a novel image analysis technique to detect the moisture diffusion of soybeans ［Glycine max (L.)］ during rehydration using a mass transfer simulation model ［J］. Food and Bioprocess Technology, 2018 (11): 1887-1894.

［22］ Woo P H, Sil Y J, Jung H, et al. Developing a sterilization processing and a grading system to produce a uniform quality of sterilized whole corn (*Zea mays* L. var. *ceratina*) ［J］. Journal of Food Engineering, 2019 (249): 55-65.

［23］ Yang J, Jensen B B B, Nordkvist M, et al. CFD modelling of axial mixing in the intermediate and final rinses of cleaning-in-place procedures of straight pipes ［J］. Journal of Food Engineering, 2018 (221): 95-105.

［24］ Zhang X, Han J W, Qian J P, et al. Computational fluid dynamic study of thermal effects of open doors of refrigerated vehicles ［J］. Journal of Food Process Engineering, 2017.

［25］ 李赫, 张志, 任源, 等. 基于 Fluent 的菊花热风干燥流场特性仿真分析 ［J］. 食品与机械, 2018, 34 (10): 133-138.

［26］ 任毅, 东童童. "智能制造" 对中国食品工业的影响及发展预判 ［J］. 食品工业科技, 2015 (22): 32-36.

［27］ 王磊, 邓力, 李慧超, 等. 基于 CFD 数值模拟的豆腐干软罐头杀菌工艺优化 ［J］. 农业工程学报, 2017, 33 (21): 298-306.

［28］ 姚仁太, 郭栋鹏. 计算流体力学基础与 STAR-CD 工程应用 ［M］. 北京: 国防工业出版社, 2015.

［29］ 俞建峰, 赵江, 楼琦, 等. 搅拌介质磨机湿法制备荷叶粉及其动力学研究 ［J］. 食品与机械, 2018, 34 (6): 64-69.

传热与热处理

传热（Heat Transfer）过程是指因温度差而引起的热量传递过程。由热力学第二定律可知，只要存在温度差，热量就会自动地由高温物体（高温区）传递到低温物体（低温区），所以传热是自然界、工业生产及工程技术领域中普遍存在的物理现象。

食品生产中的许多操作都涉及传热过程，存在着热量的引入或导出，即加热或冷却。例如，原料乳的高温灭菌，各类食品的冷藏、冷冻保鲜，奶粉或固体饮料制作过程中的喷雾干燥，食品原料的蒸发浓缩或冷冻干燥，面包、饼干、糖果等的焙烤，酒精的蒸馏等。因此，传热是食品工业中重要的单元操作之一。

许多工程实际问题需要确定物体内部的温度场随时间的变化，或确定内部温度达到某一限定值所需的时间，因此非稳态传热的时变特性以及传热速率是我们研究工程实际中传热问题的中心内容。

第一节　传热机制

依据热量传递机制的不同，传热有三种基本方式：热传导、对流传热和热辐射。

热传导（Conduction）是指发生在两个不同温度、彼此相互接触的物体间或同一物体内部不同温度的各部分间的热量传递。发生热传导时，物体之间或物体内各部分之间不发生相对位移，仅借分子、原子和自由电子等微观粒子的热运动完成热量的传递过程。

对流传热（Convection）是指流体各部分之间发生相对位移所引起的热量传递过程。在流体中产生对流的情形有二：一是流体中各处的温度不同而引起密度的差别，使轻者上浮、重者下沉，流体质点产生相对位移，这种对流称为自然对流；二是因泵、风机或搅拌等外力所致的质点强制运动，这种对流称为强制对流。在同一种流体中，有可能同时发生自然对流和强制对流。热对流的特点是只能在流体（气体或液体）中进行，并且存在物质的宏观位移。

热辐射（Radiation）又称为辐射传热，是指物质因热的原因而产生的电磁波在空间的传递过程。热辐射的特点：不仅有能量的传递，而且还有能量形式的转换。应予指出，任何物体只要在热力学温度零度（0K）以上，都能发射辐射能，但是只有在物体温度较高时，热辐射才能成为主要的传热方式。

实际生产中，以上三种传热方式既可能单独存在也可能几种方式同时并存。例如，烘烤食品时，热传导、热对流、热辐射三种方式同时存在，但由于烘烤温度很高，传热以热辐射为主。三种传热机制简图见图5-1。

图5-1　三种传热方式示意简图

第二节　热　传　导

一、傅立叶第一定律

傅立叶第一定律（Fourier's First Law）为热传导的基本定律，它指出：在单位时间内通过微元等温面 dS 传导的热量与温度梯度成正比，热流方向与温度梯度方向相反，其表达式为：

$$\frac{\mathrm{d}q}{\mathrm{d}S} = -k\frac{\partial T}{\partial z} \tag{5-1}$$

式中　q——导热速率，W；

T——温度，K；

z——传热方向的距离，m；

k——导热系数，W/(m·K)；

S——等温面的面积，m^2。

二、傅立叶第一定律对稳态热传导的综合作用

在稳定状态下，定义系统"状态"的所有属性（温度、压力、化学成分等）不随时间而变化。它们可能随位置而变化。特别是在稳态下，温度仅取决于位置 z，改写式（5-1）得到常微分方程。

$$\frac{q}{S} = -k\frac{\mathrm{d}T}{\mathrm{d}z} \tag{5-2}$$

式（5-2）的边界条件为：

$$z = z_1 \text{ 时，} T = T_1$$

假设导热系数 k 随温度变化不大，则积分得到：

$$q = kS\frac{T_2 - T_1}{z} \tag{5-3}$$

三、导热系数和热扩散系数

导热系数（Thermal Conductivity）是物质的物理特性之一，其大小与物质的组成、结构、密度、温度和压力有关。在一小段温度范围内，假设不发生相变（脂肪熔化，凝胶化等），导热系数与温度近似呈线性关系 $k = k_0(1 + At)$。通常，金属固体具有最高的导热系数，其次是非金属固体，液体较小，气体最小。工程计算中常见材料的导热系数见表 5-1。

改写式（5-1），可以获得导热系数定义式如下：

$$k = \frac{\mathrm{d}q}{\mathrm{d}S\dfrac{\partial T}{\partial z}} \tag{5-4}$$

一些食品的导热系数 k 可由式（5-5）计算求得：

$$k = \sum(k_i X_{Vi}) \tag{5-5}$$

式中　k_i——纯组分 i 的导热系数，W/（m·℃）；

X_{Vi}——纯组分 i 的体积分数。

由赵 & 欧科什（Choi & Okos）方程，纯组分水、蛋白质、脂肪、糖类、膳食纤维、灰分的导热系数可分别由下列关系式求得：

$$k_w = 0.57109 + 0.0017625T - 6.7306 \times 10^{-6}T^2 \tag{5-6}$$

$$k_p = 0.1788 + 0.0011958T - 2.7178 \times 10^{-6}T^2 \tag{5-7}$$

$$k_f = 0.1807 - 0.0027604T - 1.7749 \times 10^{-7}T^2 \tag{5-8}$$

$$k_c = 0.2014 + 0.0013874T - 4.3312 \times 10^{-6}T^2 \tag{5-9}$$

$$k_{fi} = 0.18331 + 0.0012497T - 3.1683 \times 10^{-6}T^2 \tag{5-10}$$

$$k_a = 0.3296 + 0.001401T - 2.9069 \times 10^{-6}T^2 \tag{5-11}$$

式中　T——温度，℃；

k_w——纯水的导热系数，W/（m·K）；

k_p——蛋白质的导热系数，W/（m·K）；

k_f——脂肪的导热系数，W/（m·K）；

k_c——糖类的导热系数，W/（m·K）；

k_{fi}——膳食纤维的导热系数，W/（m·K）；

k_a——灰分的导热系数，W/（m·K）。

式（5-5）中，X_{Vi} 表示纯组分 i 的体积分数，因此需要对质量分数根据下式进行换算：

$$X_{Vi} = \frac{X_i\rho}{\rho_i} \tag{5-5a}$$

$$\rho = \frac{1}{\sum\left(\dfrac{X_i}{\rho_i}\right)} \tag{5-5b}$$

式中　X_i——纯组分 i 的质量分数；

X_{Vi}——纯组分 i 的体积分数；

ρ——个体密度，kg/m^3；

ρ_i——纯组分 i 的密度，kg/m^3。

其中，纯组分水、蛋白质、脂肪、糖类、膳食纤维、灰分的密度可分别由下列关系式求得：

$$\rho_w = 997.18 + 0.0031439T - 0.0037574T^2 \tag{5-6a}$$

$$\rho_p = 1329.9 - 0.51814T \tag{5-7a}$$

$$\rho_f = 925.59 - 0.41757T \tag{5-8a}$$

$$\rho_c = 1599.1 - 0.31046T \tag{5-9a}$$

$$\rho_{fi} = 1311.5 - 0.36589T \tag{5-10a}$$

$$\rho_a = 2423.8 - 0.28063T \tag{5-11a}$$

最后将求得的 X_{Vi}、k_i 代入式（5-5），即可求出食品的导热系数 k。

热扩散系数（Thermal Diffusivity）α 是传热分析中一个重要的概念，其定义为导热系数与材料的"体积热容"之比。比热容 C_p 乘以密度 ρ 得体积热容。

$$\alpha = \frac{k}{\rho C_p} \tag{5-12}$$

式中 α——热扩散系数，m^2/s；

C_p——比热容，$J/(kg \cdot K)$；

ρ——密度，kg/m^3。

热扩散系数的物理意义为材料的传热能力与其储热能力之比，其国际单位是 m^2/s。表 5-1 给出了一些材料的导热系数和热扩散系数的近似值。

表 5-1 常见物质的导热系数和热扩散系数（近似代表值）

物质	$T/℃$	$k/[W/(m \cdot K)]$	$\alpha/(m^2/s)$
空气	20	0.026	21×10^{-6}
空气	100	0.031	33×10^{-6}
水	20	0.599	0.14×10^{-6}
水	100	0.684	0.17×10^{-6}
冰	0	2.22	1.1×10^{-6}
牛乳	20	0.56	0.14×10^{-6}
食用油	20	0.18	0.09×10^{-6}
苹果	20	0.5	0.14×10^{-6}

[例 5-1] Choi & Okos 方程的应用。

计算一种含 15% 蛋白质、20% 蔗糖、1% 膳食纤维、0.5% 灰分、20% 脂肪和 43.5% 水分的配方食品在 25℃ 时的导热系数。

解：根据 Chio & Okos 数学模型式，分别将各组分的温度代入式（5-6）~式（5-11），可得：

$$k_p = 0.2070W/(m \cdot ℃) \quad k_f = 0.1116W/(m \cdot ℃)$$

$$k_c = 0.2334W/(m \cdot ℃) \quad k_{fi} = 0.2126W/(m \cdot ℃)$$

$$k_a = 0.3628W/(m \cdot ℃) \quad k_w = 0.6109W/(m \cdot ℃)$$

分别将各组分的温度代入式（5-6a）~式（5-11a），可得：

$$\rho_w = 994.9102kg/m^3 \qquad \rho_P = 1316.9465kg/m^3$$

$$\rho_f = 915.1508kg/m^3 \qquad \rho_c = 1591.3385kg/m^3$$

$$\rho_{fi} = 1302.3528kg/m^3 \qquad \rho_a = 2416.7843kg/m^3$$

将各组分的质量分数和密度代入式（5-5b）可得：

$$\rho = 1104.8539kg/m^3$$

然后代入式（5-5a）可得：

$$X_{Vp} = 0.1258 \qquad X_{Vf} = 0.2415$$

$$X_{Vc} = 0.1389 \qquad X_{Vfi} = 0.0085$$

$$X_{Va} = 0.0023 \qquad X_{Vw} = 0.4831$$

最后代入式（5-5）得：

$$k = 0.15 \times 0.1258 + 0.2 \times 0.2415 + 0.01 \times 0.0085 + 0.005 \times 0.0023 +$$

$$0.2 \times 0.1389 + 0.435 \times 0.4831 = 0.3831W/(m \cdot ℃)$$

本例简单介绍了 Choi & Okos 方程（1988）在计算食品体系导热系数的应用，该方程在低水分含量且成分组成比较宽泛的大多数食品中适用。

四、稳态热传导示例

稳态条件意味着，尽管在物体内不同位置的温度可能不同，但时间对物体内的温度分布没有影响。例如，冷藏仓库的墙壁，其内壁温度保持在 6℃。假设外壁温度恒定在 20℃，外壁向内壁进行稳态热传导，那么壁横截面内任何位置的温度将保持不变。然而，如果外壁表面的温度发生变化（如增加到 20℃ 以上），则通过壁面的热传递就属于非稳态的情形，因为现在壁内的温度将随时间和位置而变化。稳态的数学分析要简单得多，但真正的稳态条件并不常见。因此，如果情况适宜，可以假设稳态条件，以获得用于设备和过程设计的有用信息。表 5-2 是对几种常见热传导类型的总结。

表 5-2 　　　　　　　　　　　稳态热传导类型及公式

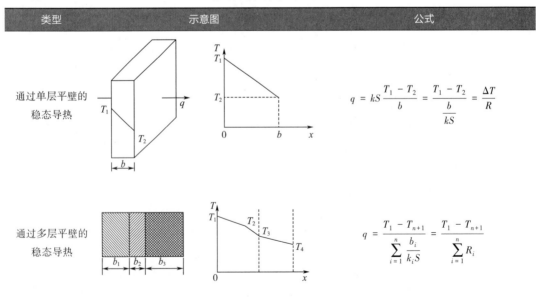

类型	示意图	公式
通过单层平壁的稳态导热		$q = kS\dfrac{T_1 - T_2}{b} = \dfrac{T_1 - T_2}{\frac{b}{kS}} = \dfrac{\Delta T}{R}$
通过多层平壁的稳态导热		$q = \dfrac{T_1 - T_{n+1}}{\sum\limits_{i=1}^{n} \frac{b_i}{k_i S}} = \dfrac{T_1 - T_{n+1}}{\sum\limits_{i=1}^{n} R_i}$

续表

类型	示意图	公式
通过单层圆筒壁的稳态热传导	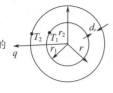 	$q = \dfrac{T_1 - T_2}{\dfrac{b}{kS_m}}$ $S_m = 2\pi L \dfrac{(r_2 - r_1)}{\ln \dfrac{r_2}{r_1}}$
通过多层圆筒壁的稳态热传导	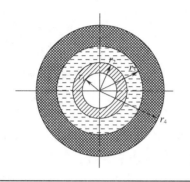	$q = \dfrac{T_1 - T_{n+1}}{\displaystyle\sum_{i=1}^{n} \dfrac{b_i}{k_i S_{mi}}}$

注：S——单层平壁的面积；

　　b——圆壁厚度，即 $r_2 - r_1$；

　　i——多层（n 层）圆筒壁的第 i 层；

　　S_m——圆筒壁内外表面的对数平均面积。

第三节　对流传热

一、对流传热系数

对流传热速率可表示如下：

$$q = hS\Delta T \tag{5-13}$$

上式为牛顿冷却定律（Newton's Law of Cooling）的数学表达式，该定律只是一种推论，它并不能揭示对流传热过程的本质，而只是将影响对流传热过程的诸多复杂因素都集中到了对流传热系数 h 中。

由此可得对流传热系数 h 定义如下：

$$h = \dfrac{q}{S\Delta T} \tag{5-14}$$

式中　h——对流传热系数，$W/(m^2 \cdot K)$；

　　　q——对流传热速率，W 或 J/s；

　　　ΔT——流体与壁面之间温度差的平均值，K；

　　　S——总对流传热面积，m^2。

对流传热系数 h 在数值上等于单位温度差下，单位传热面积上对流传热的传热速率，单位为 $W/(m^2 \cdot K)$。h 反映了对流传热的快慢，h 越大，表示对流传热速率越大，传热越快。不同常见流体系统下的 h 值见表 5-3。

表 5-3　　　　　　　　　不同情况下对流传热系数的近似数量级　　　　　单位：$W/(m^2 \cdot K)$

系统	h
自然对流（气体）	10
自然对流（液体）	100
流动的气体	50~100
流动的液体（低黏度）	1000~5000
流动的液体（高黏度）	100~500
沸腾的液体	20000
冷凝流	20000

对流传热系数 h 与导热系数 k 不同，它不是流体的物理性质，而取决于流体的性质（比热、黏度、密度、导热系数）、湍动程度和系统的几何尺寸，它反映了对流传热热阻的大小。这些参数可组合为无量纲表达式。表 5-4 列出了传热中使用的主要无量纲准数的名称、符号和含义。其中 L 为系统的特征尺寸（Feature Size），通常选取对对流传热有主要影响的某一几何尺寸，如直径、高度、长度等。

表 5-4　　　　　　　　　　　　准数的名称、符号及意义

准数名称	符号	准数式	意义
努赛尔准数（Nusselt Number）	Nu	$\dfrac{hL}{k}$	表示对流传热系数的准数
雷诺准数（Reynolds Number）	Re	$\dfrac{Lu\rho}{\mu}$	表示流体流动状态的准数
普兰特准数（Prandtl Number）	Pr	$\dfrac{C_P\mu}{k}$	表示流体物性影响的准数
格拉斯霍夫准数（Grashof Number）	Gr	$\dfrac{\beta g \Delta T L^3 \rho^2}{\mu}$	表示自然对流影响的准数

注：h——对流传热系数，$W/(m^2 \cdot K)$；

　　k——导热系数，$W/(m \cdot K)$；

　　C_P——比热容，$J/(kg \cdot K)$；

　　L——系统的特征尺寸（直径、高度、长度等），m；

　　u——流速，m/s；

　　μ——黏度，$Pa \cdot s$；

　　β——体积热膨胀系数；

　　g——重力加速度，m/s^2；

　　ΔT——温差，K。

[例 5-2] 深油炸食品对流传热系数的测定（Safari A，Salamat R，Baik O D，2018）。

深油炸（也称为浸泡油炸）是国内外餐饮业中最古老的烹饪方法之一。经深油炸后，产品可具有独特的风味和理想的质构。深油炸过程中的传热现象与传热系数紧密相关，可用于优化和控制传热过程。

测定有直接法和间接法两种方法：

1. 间接方法

间接方法也称为集总容量法，使用具有高导热系数的金属换能器（如铝或钢）代替真实食品样品（内部阻力可以忽略不计）。通过测量实验过程的瞬态温度（表面或中心）。然后绘制温度-时间曲线进行非线性回归。最后，采用以下瞬态传热方程检测系数：

$$\frac{T_0 - T}{T_0 - T_i} = \exp\frac{-hSt}{\rho C_P V} \tag{5-15}$$

式中　T_0——油温，K；

　　　T——产品温度，K；

　　　T_i——产品初始温度，K；

　　　t——时间，s；

　　　V——产品体积，m^3；

　　　S——产品表面积，m^2；

　　　h——对流传热系数，$W/(m^2 \cdot K)$；

　　　ρ——产品密度，kg/m^3；

　　　C_P——比热容，$J/(kg \cdot K)$。

这种方法的缺点没有考虑蒸汽鼓泡和传质的影响。因此，与实际情况相比，不能实现精确的模拟。

2. 直接方法

该方法考虑到了蒸汽泡的影响。

（1）测量产品表面热通量　采用真实食品样品用于测量传热系数，条件更接近真实情况并考虑到蒸汽泡的影响。

应用能量守恒方程来确定传热系数：

$$hS(T_0 - T_S) = q_1 + q_2 \tag{5-16}$$

式中　q_1——水蒸发消耗的能量，W；

　　　q_2——为用于加热产品的能量，W；

　　　T_S——产品表面温度，K。

因此式（5-16）可以改写为式（5-17）：

$$hS(T_0 - T_S) = \frac{dm}{dt}\Delta H_{vap} + MC_P\frac{dT}{dt} \tag{5-17}$$

式中　$\frac{dm}{dt}$——水分损失速率，kg/s；

　　ΔH_{vap}——汽化潜热，J/kg；

　　　M——产品质量，kg。

$q_2 \ll q_1$，产品内部累积的能量被忽略，简化方程得：

$$h = \frac{\mathrm{d}m}{\mathrm{d}t} \frac{\Delta H_{\text{vap}}}{S(T_0 - T_s)} \tag{5-18}$$

（2）测量产品中心的温度　它类似于间接方法，只是使用的食物样品不是集总热容系统。

将测量的产品中心温度作为加热时间的函数，并通过绘制无量纲温度的自然对数 $\ln \dfrac{T_0 - T}{T_0 - T_i}$ 与
时间 t 的曲线来计算传热系数。这种方法实际上不包括式（5-17）中的潜热期。当蒸发率很大
时，采用式（5-17）能得到更合理的结果。

不同食材在深油炸过程中具有不同的传热系数，同一种食物由于几何形状的不同，其传热
系数也有差异，比如薄马铃薯片和圆柱形马铃薯条。表5-5列出的食材中，南瓜、芋头、甘薯
的传热系数最低，马铃薯的最高。

表5-5　　　　　　　　　　深油炸过程中不同材料的对流传热系数

产品	几何形状	温度/℃	方法	$h/[\text{W}/(\text{m}^2 \cdot \text{K})]$
法式马铃薯条	片状（2D）	140~180	M_2	443~650
马铃薯片	圆盘状	140~180	M_2	594~750
面团	球形	160~190	M_1	94~774
南瓜	圆柱形	180	M_2	8.66
芋头	圆柱形	180	M_2	5.21
甘薯	圆盘状	150~180	M_1	450~837
甘薯	圆柱形	180	M_2	4.24
马铃薯	片状（2D）	150~190	M_2	181~286
马铃薯	圆盘状	150~190	M_1	3617~7307

注：M_1——直接方法，测量产品表面热通量；

　　M_2——直接方法，测量产品中心的温度；

　　2D——二维。

二、热对流的经验关联式

不同的对流传热情况下，研究所得的对流传热系数经验关联式是不同的。由于对流传热过
程的复杂性，目前只能对一些较为简单的对流传热现象用理论方法——数学方法求解 h 关联
式，其他大多数情况下的对流传热则只能通过实验方法—即应用量纲分析法，结合实验，建立
h 的经验关联式。

对于自然对流，其基本上是基于流体密度的差异。Gr 包含 $\Delta\rho$ 这一项，即流体密度的差
异，而这又与温差 ΔT 和热膨胀系数 β 的差异有关。

在工程应用中，通过自然对流进行的热传递对于计算建筑物、设备等表面的加热或制冷
"损失"尤为重要。通常建议采用关联式（5-19）来计算垂直表面的自然对流传热：

$$Nu = 0.59Gr^{0.25}Pr^{0.25} \tag{5-19}$$

在这种情况下，两个无量纲数中的特征尺寸 L 是指设备表面流体的厚度。

对于浸入流体的球体，有以下等式：

$$Nu = 2 + 0.6Gr^{0.25}Pr^{0.33} \tag{5-20}$$

强制对流在工程应用中非常普遍。引用最广泛的关联式是迪图斯-波尔特（Dittus-Boelter）方程［也称为齐德-泰特（Sieder-Tate）方程，式（5-21）］。该方程用于圆柱形管道壁面和内部湍流液体间的传热。

$$Nu = 0.023Re^{0.8}Pr^{0.3 \sim 0.4}\left(\frac{\mu}{\mu_0}\right)^{0.14} \tag{5-21a}$$

Pr 的指数对于加热为 0.3，对于冷却为 0.4。尺寸 L 指管道的内径。除了 μ_0 是取自换热器表面温度下的值，流体的其他性质均取自平均温度时的数值。

对于球体和湍流流体之间的热传递，采用以下关联式：

$$Nu = 2 + 0.6Re^{0.5}Pr^{0.33} \tag{5-21b}$$

第四节　非稳态传热

食品工业中的许多过程，如罐头食品的热灭菌和食品速冻等，都属于非稳态热传递过程。非稳态导热过程中在热量传递方向上不同位置处的导热量处处不同，这是由于内能随时间发生了变化，是区别于稳态导热的一个特点。

一、傅立叶第二定律

以平板上的瞬时传热为例（图 5-2）。假设热流在垂直于板表面的方向上单向传递。考虑与表面距离为 z 处的一切面，设切面厚度为 d_z。

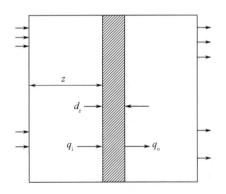

图 5-2　平板上的非稳态传热

非稳态时，热吸收速率（q_i）与热释放速率（q_o）不相等，二者的差值是热积累 q_a（数值可正可负）。如果平板上无热量产生，热平衡方程如下：

$$输入-输出=积累 \tag{5-22}$$

热传导时：

$$q_i = -S\left(k\frac{\partial T}{\partial z}\right)_z \tag{5-23}$$

$$q_o = -S\left(k\frac{\partial T}{\partial z}\right)_{z+d_z} \tag{5-24}$$

热积累速率与温度变化率有关，计算如下：

$$q_a = S\frac{\partial(\rho C_p T)}{\partial t}d_z \tag{5-25}$$

假设整个切片的特征常数 k、C_p 和 ρ 保持不变。代入热平衡方程中，消除所有 S 并结合热扩散系数 α 的定义，可得：

$$\frac{\partial T}{\partial t} = \left(\frac{k}{\rho C_p}\right)\frac{\partial^2 T}{\partial z^2} = \alpha\frac{\partial^2 T}{\partial z^2} \tag{5-26}$$

通过分析三维体积微元的热吸收和释放，将以上等式拓展应用至三维传热，可得：

$$\frac{\partial T}{\partial t} = \alpha\left(\frac{\partial^2 T}{\partial x^2} + \frac{\partial^2 T}{\partial y^2} + \frac{\partial^2 T}{\partial z^2}\right) \tag{5-27}$$

式中　q_i——热吸收速率，W；

　　　q_o——热释放速率，W；

　　　q_a——热积累，W。

需要注意的是，如果材料不是各向同性的，则热扩散系数可能在 x、y 和 z 方向上有所不同。

式（5-26）被称为傅立叶第二定律（Fourier's Second Law），可反映温度分布和热流量分布随时间空间的变化规律。方程表示了固体内温度随时间的变化规律，其解析解适用于常规几何体（平板、球体、圆柱体）和简化的边界条件。针对更复杂的情况，必须使用数值法。

二、傅立叶第二定律方程对于无限平板的解

以厚度为 $2L$ 的无限平板为例。假设平板各处的初始温度为 T_0，两表面与温度恒为 T_∞ 的流体瞬间接触。在时间 t 时，平板内温度 T 分布是如何？

首先，将变量转换为无量纲表达式。无量纲温度表达式 θ 可定义为：

$$\theta = \frac{T_\infty - T}{T_\infty - T_0} \tag{5-28}$$

式中　θ——无量纲温度；

　　　t——时间，s；

　　　T_∞——流体的恒定温度，K；

　　　T——平板在时间 t 时的温度，K；

　　　T_0——平板各处的初始温度，K。

物理意义上，θ 表示实际温差与 $t=t_\infty$ 时理论温差的比值。

接着，我们定义表面阻力和内部传热阻力之间关系的无量纲表达式。设 h 是从流体到板面的对流传热系数，k 是固体的导热系数。Biot 数（一个无量纲数）定义为：

$$N_{Bi} = \frac{hL}{k} \tag{5-29}$$

确定一个与平板中心面距离为 z 的原点，定义一个无量纲距离参数 z' 如下：

$$z' = \frac{z}{L} \tag{5-30}$$

时间 t 的无量纲参数 Fourier（F_0）的定义如下：

$$F_0 = \frac{\alpha t}{L^2} \tag{5-31}$$

式中 N_{Bi}——无量纲 Biot 数；

    z——确定原点与平板中心面的距离，m；

    z'——无量纲距离参数，m；

    F_0——时间 t 的无量纲参数；

    α——热扩散系数，m^2/s；

    L——无限平板（厚度为 $2L$）的 $1/2$，m；

    h——对流传热系数，$W/(m^2 \cdot K)$；

    k——导热系数，$W/(m \cdot K)$。

就无量纲数群而言，傅立叶第二定律方程的一般解适用于以上所给的无穷大系列的边界条件：

$$\theta = \sum_{i=1}^{\infty} \left[\frac{2\sin\beta_i}{\beta_i + \sin\beta_i\cos\beta_i} \cos(\beta_i z') \exp(-\beta_i^2 F_0) \right] \tag{5-32}$$

参数 β_i 与 Biot 数的关系如下：

$$N_{Bi} = \beta_i \tan\beta_i \tag{5-33}$$

如果时间足够长（如 $F_0 > 0.1$），则总和近似收敛于第一项。此外，如果表面热阻相比于内阻可忽略不计（$N_{Bi} = \infty$，因此 $\beta = \pi/2$），则解析式可变换为：

$$\theta = \frac{4}{\pi} \cos\left(\frac{\pi z'}{2}\right) \exp\left(-\frac{\pi^2}{4} F_0\right) \tag{5-34}$$

实际上，$N_{Bi} = \infty$ 的假设在许多情况下是合理的。例如，蒸汽加热固态罐头食物，湍流空气加热或冷却的大块固体食物等。

式（5-34）表示了平板中温度的分布情况。温度是位置参数 z' 和时间参数 F_0 的函数，其中位置函数是三角函数，时间函数是指数函数。

在平板中的指定位置 z'，时间-温度关系可由以下一般形式的等式近似表示：

$$\ln\frac{T - T_\infty}{T_0 - T_\infty} = \ln j - \left(\frac{\pi^2 \alpha}{4L^2}\right) t \tag{5-35}$$

式中 $\ln j$——$\ln\theta$ 关于 t 的直线在 y 轴上的截距。

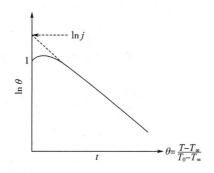

图 5-3 非稳态传热的一般形式图

令 $z=0$，可求出平板中心轴的温度 T_c。

对厚度为 L 的平板，若仅从一面上交换热量，则可视其为厚度为 $2L$，可双面进行热交换的平板。

对于其他几何形状（无限圆柱体、球体），可得到类似的一般形式方程。如果时间足够长，这些方程都可以表示为 $\ln\theta$ 与 t 之间的近似直线（图 5-3）。可从文献中查阅不同形状几何体对应不同 N_{Bi} 值的温度分布图表（Carslaw H S、Jaeger J C、Feshbach H，1986）。如图 5-4~图 5-6 为此类图表的一般形式。

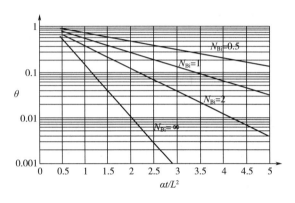

图 5-4　平板中的非稳态传热

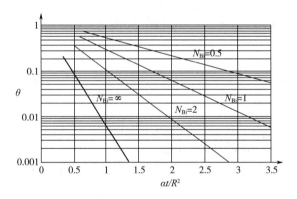

图 5-5　无限圆柱体中的非稳态传热

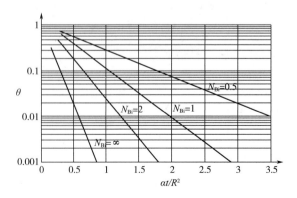

图 5-6　球体中的非稳态传热

三、有限固体中的瞬时传热

对于有限固体，如有限圆柱体（圆形罐）或砖形体（矩形罐，面包条）中非稳态传热的情形，可以进行求解。这些形状可被视为无限体的集合。砖形体可视为三个相互垂直的无限板交点的集合。如果 θ_x、θ_y、θ_z 分别是三个无限板中单向传热的解，则可得砖形体的解为：

$$\theta_{\text{brick}} = (\theta_x) \times (\theta_y) \times (\theta_z) \tag{5-36}$$

同样地，有限圆柱被认为是无限圆柱和无限平板交点的集合。对于有限圆柱的解为：

$$\theta_{\text{finite cyl.}} = (\theta_{\text{slab}})(\theta_{\text{infinite cyl.}}) \tag{5-37}$$

式中 θ_{brick}——砖形体的解；

  θ_x、θ_y、θ_z——三个互相垂直的无限板中单向传热的解；

    $\theta_{\text{finite cyl.}}$——有限圆柱的解；

      θ_{slab}——无限平板的解；

  $\theta_{\text{infinite cyl.}}$——无限圆柱的解。

此即纽曼定律（Newman's Law），同样适用于质量传递。

四、非稳态热对流

假设主要传热阻力位于界面，而体内阻力可以忽略不计，$N_{\text{Bi}} \approx 0$。在实际操作中，夹套对内部湍动充分的液体进行加热即对应此种情况。由于液体混合良好，同一时刻不同位置的温度相同，但会随时间发生变化。因为此时温度仅是时间的函数，所以用常微分方程足以描述能量守恒。传热的能量守恒方程如下：

$$hS(T_\infty - T) = V\rho C_{\text{P}} \frac{\text{d}T}{\text{d}t} \tag{5-38}$$

式中 V——液体体积，m^3；

    S——传热面积，m^2。

在 $t=0$ 和 $t=t$ 间积分可得：

$$\int_{T_0}^{T} \frac{\text{d}T}{T_\infty - T} = \frac{hS}{C_{\text{P}}\rho V} \int_0^t \text{d}t$$

即：

$$\ln \frac{T_\infty - T}{T_\infty - T_0} = -\frac{hS}{V\rho C_{\text{P}}}t \tag{5-39}$$

[例5-3]   非稳态传热方程对香肠热加工过程温度–时间的预测（Pereira J A、Ferreira-Dias S、Dionísio L，et al，2017）。

本案例以香肠食品的热加工为例，对对流传热中一些关联式的应用进行阐述。

Morcela de Arroz（MA）是葡萄牙一种受欢迎的传统即食香肠，其中不添加商业防腐剂且保质期较短（0~5℃，7d）。香肠在烹饪加工过程中要放入汤汁中煮熟，同时达到杀菌效果，这个步骤是确保避免食源性微生物安全危害发生的关键。因此，了解香肠在热加工过程中的温度变化，对于保证产品安全并优化热过程至关重要。

视香肠为圆柱形，其浸没在热流体中发生的是非稳态的对流传热现象。为了获得对流传热系数 h，首先查阅资料获得 MA 的相关物性参数（导热系数 k、黏度 μ、密度 ρ、比热容 C_{P} 等），见表5-6。然后联立相应的对流传热经验关联式（5-40）以及 Nu、Pr、Gr 的定义式（5-41）、式

（5-42）、式（5-43）对对流传热系数 h_c 进行求解，这四式统称为非稳态传热方程（Unsteady-State Heat Transfer Equations，USHTE）。

$$Nu = 0.53Gr^{0.25}Pr^{0.25}, \ 10^4 < Pr \cdot Gr < 10^9 \tag{5-40}$$

$$Nu = \frac{hL}{k} \tag{5-41}$$

$$Pr = \frac{C_p\mu}{k} \tag{5-42}$$

$$Gr = \frac{\beta g\Delta TL^3\rho^2}{\mu} \tag{5-43}$$

表 5-6   MA 的热物理参数

参数	数值
密度 $\rho/(\text{kg/m}^3)$	1070.0
比热容 $C_p/[\text{J}/(\text{kg} \cdot \text{K})]$	3.350×10^3
导热系数 $k/[\text{W}/(\text{m} \cdot \text{K})]$	0.480
热扩散系数 $\alpha/(\text{m}^2/\text{s})$	1.339×10^{-7}
热膨胀系数 β/K^{-1}	6.986×10^{-4}
格拉斯霍夫准数 $Gr/[\text{W}/(\text{m} \cdot \text{K})]$	5.055×10^7
普兰特准数 $Pr/[\text{W}/(\text{m} \cdot \text{K})]$	1.799
努赛尔准数 $Nu/[\text{W}/(\text{m} \cdot \text{K})]$	51.753
对流传热系数 $h/[\text{W}/(\text{m}^2 \cdot \text{K})]$	100.548

将表 5-6 中的参数依次代入式（5-42）和式（5-43），求出 Pr 和 Gr，再代入式（5-40）求出 Nu，结果见表 5-6，在热加工过程中 MA 的特征长度取 0.247m，则由式（5-41）可得：

$$51.753 = \frac{0.247h_c}{0.480}$$

换算可得 $h_c = 100.548\text{W}/(\text{m}^2 \cdot \text{K})$。

利用所求得的对流传热系数 h_c，结合用于确定温度分布的海斯勒（Heisler）图表可以获得预测的温度-时间分布。在香肠中安置热电偶并连接到实时数据采集系统，可以得到热处理实验过程中每分钟的温度数据。产品中心的预测温度和达到该温度所需的时间以及实验测量值如表 5-7 所示。

表 5-7   MA 所达到的最大烹饪温度和所需时间的实验值与预测值

参数	实验值	预测值	P
温度/℃	97.9 ± 0.3	98.3 ± 0.2	0.036
时间/min	87.3 ± 5.6	98.5 ± 6.0	0.034

通过方差分析比较温度-时间分布的实验值和预测值（统计显著性设定为 $P<0.05$）。观察到 USHTE 预测的时间-温度数据与实验时间-温度数据表现出良好的一致性。

研究表明，运用非稳态传热方程预测产品中心的温度和达到烹饪温度所需的时间具有一定的充分性，和实际情况相差不大，这样就无需对 MA 内部温度进行连续监控。同时，预测 MA 加热过程的持续时间要长于加热时长的阈值，这对于产品的食用和保藏安全性都是有利的。

[例 5-4]　液体食品（牛乳、橙汁）非稳态传热过程中心温度的变化（吴大伟，等，2010）。

液态食品加工在生产和生活中都极为常见，其热加工过程涉及非稳态传热，了解非稳态导热过程对应用加工具有重要的指导意义。该案例以常见的液体食品牛乳、橙汁为对象，分析了非稳态传热的应用。

对牛乳、橙汁进行水浴杀菌，分别采用圆柱体和长方体容器盛装牛乳或橙汁，并密封，再分别用水浴温度 50、60、70℃进行加热。其原理为一个物体侵入温度为 T_∞ 的恒温流体浴之中，该物体初始温度为 T_0，这时物体内的传热是非稳态传热，结果使物体内温度逐渐趋向 T_∞，直到达到平衡为止。首先根据非稳态传热理论建立数学方程，再通过实验所得数据拟合以确定数学方程中的常数，从而获得圆柱体和长方体在非稳态传热条件下，食品中心温度随时间变化的关系式。

首先以被加热物体为液体圆柱体的情形进行推导：

如果内阻忽略，则传热过程符合式（5-38）由于实际情况的内阻不可忽略，则引入校正系数 ξ，式（5-38）变为：

$$hS(T_\infty - T) = \rho V C_P \frac{d(\xi T)}{dt} = \xi \rho V C_P \frac{dT}{dt} \tag{5-44}$$

设定边界条件，式（5-44）进行积分，则有：

$$\ln \frac{T_\infty - T_0}{T_\infty - T} = \frac{hSt}{\xi C_P \rho V} \tag{5-45}$$

进一步等号两侧取自然对数，得：

$$\ln\left(\ln \frac{T_\infty - T_0}{T_\infty - T}\right) = \ln \frac{h}{\xi C_P \rho} + \ln \frac{S}{V} + \ln t \tag{5-46}$$

若圆柱体半径为 r，长度为 L，则：

$$\ln\left(\ln \frac{T_\infty - T_0}{T_\infty - T}\right) = \ln \frac{h}{\xi C_P \rho} + \ln\left(\frac{2\pi r^2 + 2\pi rL}{\pi r^2 L}\right) + \ln t \tag{5-47}$$

$$\ln\left(\ln \frac{T_\infty - T_0}{T_\infty - T}\right) = \ln \frac{h}{\xi C_P \rho} + \ln 2 + \ln\left(\frac{1}{r} + \frac{1}{L}\right) + \ln t \tag{5-48}$$

对于被加热的液体圆柱体，上式变为：

$$\ln\left(\ln \frac{T_\infty - T_0}{T_\infty - T}\right) = \ln \frac{K_o}{\xi C_P \rho} + \ln 2 + \ln\left(\frac{1}{r} + \frac{1}{L}\right) + \ln t \tag{5-49}$$

$$\frac{1}{K_o} = \frac{1}{h_o} + \frac{\delta}{\lambda} \frac{r_o}{r_m} + \frac{1}{h_i} \frac{r_o}{r_i} \tag{5-50}$$

式中　K_o——以外表面为基准的总传热系数，W/(m²·K)；

h_o——圆筒壁外表面的对流传热系数，W/(m²·K)；

h_i——圆筒壁内表面的对流传热系数，W/(m²·K)；

δ——圆筒壁厚度，m；

λ——圆筒壁的导热系数，W/(m·K)；

r_o——圆筒壁的外半径，m；

r_i——圆筒壁的内半径，m；

r_m——圆筒壁的对数平均半径，m。

令 $\ln\dfrac{k_\text{o}}{\xi C_\text{P}\rho} + \ln 2 = A$ ，同时引入校正系数 B，则上式变为：

$$\ln\left(\ln\frac{T_\infty - T_0}{T_\infty - T}\right) = B\ln t + \ln\left(\frac{1}{r} + \frac{1}{L}\right) + A \tag{5-51}$$

由同样的方法可得被加热物体为液体长方体的方程：

$$\ln\left(\ln\frac{T_\infty - T_0}{T_\infty - T}\right) = B\ln t + \ln\left(\frac{1}{a} + \frac{1}{b} + \frac{1}{h}\right) + A \tag{5-52}$$

式中 T_∞——介质流体温度，K；

T_0——被加热物体初始温度，K；

T——被加热物体中心的温度，K；

t——物体加热时间，s；

B——加热时间校正系数（与物性参数有关）；

a、b、h——分别为长方体的长、宽、高，m。

将纯净水充满圆柱体容器并密闭，置于50℃水浴中加热以模拟杀菌过程。由实验数据拟合得到圆柱体中心温度 $\ln\left(\ln\dfrac{T_\infty - T_0}{T_\infty - T}\right)$ 与加热时间 $\ln t$ 的关系式为 $y = 0.8268x - 4.7307$。结合式（5-51）得：

$$B = 0.8268$$

$$\ln\left(\frac{1}{r} + \frac{1}{L}\right) + A = -4.7307$$

解得： $A = -8.1724$

其他液体食品在其他温度下的常数值可由相同的方法获得，求得平均常数值即可用于一定温度范围内适用的方程式。

在 T_∞ 为 50~70℃ 范围内，被加热物体为圆柱体的非稳态传热公式，当物料为牛乳时为式（5-53）；当物料为橙汁时为式（5-54）。被加热物体为长方体的非稳态导热公式，当物料为牛乳时为式（5-55）；当物料为橙汁时为式（5-56）。

$$\ln\left(\ln\frac{T_\infty - T_0}{T_\infty - T}\right) = 0.7080\ln t + \ln\left(\frac{1}{r} + \frac{1}{L}\right) - 7.4831 \tag{5-53}$$

$$\ln\left(\ln\frac{T_\infty - T_0}{T_\infty - T}\right) = 0.7177\ln t + \ln\left(\frac{1}{r} + \frac{1}{L}\right) - 7.5707 \tag{5-54}$$

$$\ln\left(\ln\frac{T_\infty - T_0}{T_\infty - T}\right) = 0.86321\ln t + \ln\left(\frac{1}{a} + \frac{1}{b} + \frac{1}{h}\right) - 9.0015 \tag{5-55}$$

$$\ln\left(\ln\frac{T_\infty - T_0}{T_\infty - T}\right) = 0.8270\ln t + \ln\left(\frac{1}{a} + \frac{1}{b} + \frac{1}{h}\right) - 8.6787 \tag{5-56}$$

上述公式为食品非稳态加热过程提供了较便捷的公式，可用于液体食品热杀菌工艺的预测。

第五节 热 辐 射

物体因为热而以电磁波的形式向外发射能量的过程，称为热辐射。热辐射过程具有以下特点：

（1）热辐射是物体的固有属性。只要温度高于绝对零度（0K），物体就会发射辐射能，温度越高，辐射强度越大。

（2）辐射可以在真空中以光速传播，而无须媒介。

（3）热辐射过程中伴随着能量形式的转化。当物体发射辐射时，热能转化为辐射能；当物体吸收辐射时，辐射能又重新转化为热能。

一、物质与热辐射的相互作用

当热辐射投射到物体表面时，将发生透过、反射和吸收现象。每一部分占总辐射能的比例分别称为透过率 D、反射率 R 和吸收率 A。只有被吸收的热辐射会引起加热。能全部吸收辐射能的物体称为黑体，黑体的吸收率为100%，反射率和透过率都为0。在一定温度下，黑体能发射最大量的热辐射，其辐射能力仅为温度的函数。黑体的辐射能力 E_b 与其表面的绝对温度 T 之间的定量关系可由斯蒂芬-波尔茨曼（Stefan-Boltzmann）定律给出：

$$E_b = \sigma T^4 \tag{5-57}$$

式中　E_b——黑体的辐射能力，W/m^2；

　　　σ——斯蒂芬常数，$5.67 \times 10^{-8} W/(m^2 \cdot K^4)$；

　　　T——黑体表面的绝对温度，K。

灰体（Gray Body）是指能够以相同的速率部分吸收 $0 \sim \infty$ 波长范围内辐射能的物体。灰体是不透热体（$A+R=1$，$D=0$），也是理想物体，一般工业上遇到的多数物体，如常见的工程材料、建筑材料等均能部分吸收所有波长的辐射能，且吸收率相差不多，故可近似视作灰体。斯蒂芬-波尔茨曼定律也可推广到灰体，此时式（5-57）可表示为：

$$E_g = \varepsilon \sigma T^4 \tag{5-58}$$

式中　E_g——灰体的辐射能力，W/m^2；

　　　ε——物体的黑度。

通常将灰体的辐射能力与同温度下黑体的辐射能力之比定义为物体的黑度，记为 ε，其值恒小于1。表5-8列出了某些工业材料的黑度值。真实物体表面的辐射能力取决于波长。

表5-8　　　　　　　　　　　　常见工业材料的黑度值

材料类别	温度范围/℃	黑度值 ε
红砖	20	0.93
耐火砖	$500 \sim 1000$	$0.8 \sim 0.9$
钢板（氧化）	$200 \sim 600$	0.8

续表

材料类别	温度范围/℃	黑度值 ε
钢板（磨光）	940~1100	0.55~0.61
铝（氧化）	200~600	0.11~0.19
铝（磨光）	225~575	0.039~0.057
铜（氧化）	200~600	0.57~0.87
铜（磨光）	—	0.03
铸铁（氧化）	200~600	0.64~0.78
铸铁（磨光）	330~910	0.6~0.7
玻璃（磨光）	38	0.9
玻璃（平滑）	38	0.94
石棉（光亮）	0~400	0.55
瓷器（光滑）	22	0.924
搪瓷（珐琅）（光滑）	22	0.937

二、表面间的辐射热交换

在由辐射导致的表面之间的净热交换过程中，辐射体之间的净热交换率取决于两种变量：辐射表面的性质和状态，即温度、发射率和吸收率；表面间的相对空间位置。

两固体间的辐射传热计算通式可用下式：

$$q_{1-2} = S\sigma(T_1^4 - T_2^4) = C_{1-2}\varphi_{1-2}S\left[\left(\frac{T_1}{100}\right)^4 - \left(\frac{T_2}{100}\right)^4\right] \tag{5-59}$$

式中　　q_{1-2}——净辐射传热速率，W；

$\quad\quad C_{1-2}$——总辐射系数，$W/(m^2 \cdot K^4)$；

$\quad\quad \varphi_{1-2}$——几何因子或角系数；

$\quad\quad S$——辐射面积，m^2；

$\quad\quad T_1$——高温物体表面的热力学温度，K；

$\quad\quad T_2$——低温物体表面的热力学温度，K。

其中，总辐射系数 C_{1-2} 和角系数 φ_{1-2} 的数值与物体黑度、形状、大小、两物体间的距离及相互位置等有关。

三、对流和辐射的联合传热

在实践中，传热通常涉及多种机制。通过对流和辐射联合进行的热传递非常普遍。例如，在烤炉中，热量通过热空气的对流和热体的辐射传递到产品。因为辐射传递涉及温度的四次幂项，所以难以对两种机制下传递的热量进行直接求和。为了克服这个困难，定义了辐射的"伪"传热系数 h_r，以便以温差表示辐射传热，如下：

$$q = Sh_r(T_1 - T_2) \tag{5-60}$$

对于两黑体间的热辐射，对比式（5-59）和式（5-60）得：

$$h_r = \sigma\frac{T_1^4 - T_2^4}{T_1 - T_2} \tag{5-61}$$

第六节　热　加　工

热杀菌是以杀灭微生物为主要目的的热处理形式，根据要杀灭的微生物的种类不同，热杀菌可分为巴氏杀菌和灭菌。巴氏杀菌可以使食品中的酶失活，并破坏食品中的热敏性微生物和致病菌，但巴氏杀菌无法杀死抗热性能强的腐败菌。灭菌是较为强烈的热处理形式，通常是将食品加热到较高的温度并保持一段时间。它能够杀死所有的致病菌和腐败菌以及绝大部分的微生物。除巴氏杀菌和灭菌之外，烫漂是一种温和的热处理，其主要目的是使酶失活，主要用于罐装、冷冻或脱水前的蔬菜制备步骤。蔬菜烫漂是通过将蔬菜浸入热水或将其暴露于开放蒸汽中进行的。烫漂的主要目的是使某些酶失活，除此之外还具有增强颜色、排出空气和清洁表面的额外理想效果。

热工艺的合理设计需要来自两个方面的数据：热失活动力学（热破坏、热死亡）以及时间-温度函数的分布。

一、微生物和酶的热失活动力学

在食品工业生产中，除尽可能达到彻底灭菌外，同时还要尽可能使营养成分少受损失。大多数营养物质的破坏是分解反应；微生物受热致死是基于细胞受高热后，引起体内蛋白质的变性或凝固，酶活力被破坏而使细胞死亡。营养物质的破坏和微生物致死一般遵循一级反应动力学的机制，详见本书第二章。

（一）递减时间（D 值）的概念

从图 5-7 可见，微生物的活菌数每减少 90%，即每减少一个数量级，对应的时间变化量是相同的，这一时间称为 D 值，也称为热力递减时间。D 值的定义就是在一定的环境中，一定的温度条件下，将全部对象菌的 90% 杀灭所需要的时间。

$$D = \frac{2.303}{k} \tag{5-62}$$

D 值的大小与微生物种类有关，细菌的耐热性越强，在相同温度下的 D 值就越大。D 值也与温度有关，在 121.1℃ 下测定的 D 值通常以 $D_{121.1℃}$ 表示。

（二）温度对热破坏/失活速率的影响

热力致死时间是指在某一恒定的温度下，将食品中某种微生物活菌全部杀死所需要的时间。若温度 T_a 和温度 $T_b(T_a > T_b)$ 对应的杀菌致死时间为 τ_a 和 $\tau_b(\tau_a < \tau_b)$，定义 Z 为致死时间的对数变化 1 时所对应的杀菌温度变化量，即：

$$Z = \frac{T_a - T_b}{\lg \tau_b - \lg \tau_a} \tag{5-63}$$

或：

$$\lg \frac{\tau_b}{\tau_a} = \frac{T_a - T_b}{Z} \tag{5-64}$$

如图 5-8 所示，如果杀菌温度提高一个 Z 值，则杀菌的致死时间仅为原来的 1/10。反之，

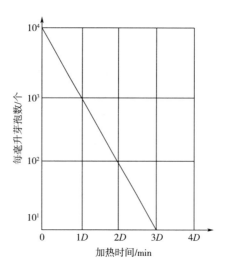

图 5-7　加热致死速率曲线

如果杀菌温度减少了一个 Z 值，则杀菌的致死时间为原来的 10 倍。对于食品加工过程中常见的产孢子细菌，其 Z 值为 8~12℃。

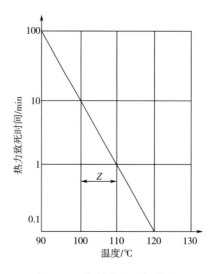

图 5-8　加热致死时间曲线

热失活速率与温度之间的对数关系与阿伦乌斯模型描述的温度对化学反应速率的影响一致，表示如下：

$$\lg \frac{k_1}{k_2} = \frac{-E_a}{2.303R}\left(\frac{T_2 - T_1}{T_1 T_2}\right) \tag{5-65}$$

式中　k_1、k_2——绝对温度 T_1、T_2 对应的速率常数；

　　　E_a——活化能，kJ/mol；

　　　R——通用气体常数 = 8.314J/(mol·K)。

E_a 值反映了热失活速率对温度的敏感性,和 Z 值的定量关系可表示为:

$$E_a = \frac{2.303RT_1T_2}{Z} \tag{5-66}$$

二、热处理的致死力

从前面的讨论可以看出,不同的时间-温度组合可以实现相同的致死率,即微生物数量的减少相同。为了比较不同过程的致死力,定义 F 值为特定温度下,微生物减少至一定数量所需的时间,其单位为 min。它遵循:

$$F = D\lg\left(\frac{N_0}{N}\right) \tag{5-67}$$

式中 N_0——初始的微生物数量;

N——热处理后的微生物数量。

例如,如果指定 $\lg(N_0/N) = 12$,则 $F = 12D$。实现低酸食品的商业无菌,通常规定 $12D$ 过程。如果食物最初每克含有 10^3 个目标微生物孢子,那么在加工后每克仅含有 10^{-9} 个。这是简化的定量计算方法。

根据已知的时间-温度曲线 $T = f(t)$,需要考虑产品温度的变化。为了计算在给定的恒定温度(参考温度 T_r)下实现相同目标致死率所需的时间(F 值),给定参考温度 T_r 和 Z 值。等效过程的 F 值可计算为:

$$F_{T_r}^Z = \int_0^t 10^{\frac{T-T_r}{Z}} dt \tag{5-68}$$

对于热灭菌过程,标准参考温度 T_r 为 121℃,标准 Z 值为 10℃。为方便起见,令:

$$F_{121}^{10} \equiv F_0 = \int_0^t 10^{\frac{T-121}{10}} dt \tag{5-69}$$

任何热灭菌过程的 F_0 值均指在 121℃,加热达到相同的特定目标微生物致死率所需的时间。

三、与品质有关的热处理过程优化

食品热处理优化的目的,是在食品热杀菌和品质风味的保留之间取得平衡,即在热力对食品品质的影响程度最小的条件下,迅速而有效地杀死存在于食品物料中的有害微生物,达到产品指标的要求。

传统热杀菌技术不仅能有效防止微生物引起的食品安全,但其也可能会引起食品品质劣变,包括颜色变化、口味改变、香气损失、营养破坏和质构变化。

例如,在乳制品加工中,瓶内灭菌乳一般采用 110℃ 处理 30min,这个杀菌强度可灭活乳中全部的酶类,同时也会使一些维生素含量降低,并可能引起乳蛋白(包括酪蛋白)的一些变化,使乳的 pH 约降低 0.2,而且还容易产生美拉德反应导致褐变及一些赖氨酸的损失。

类似的例子:巴西莓果富含多种生物活性化合物,如类黄酮、多酚和花青素,它们与抗氧化、抗炎、抗增殖和保护心脏有关。莓果在冻藏前要进行巴氏灭菌,以灭活不期望的酶和微生物,但这同时也会导致活性物质花青素的热降解。花青素是热不稳定型色素,受热极易分解失活,许多研究证明,花青素的热降解规律符合一级反应动力学,花青素的解离速度随着温度的增加或热降解时间的延长而加快。高温促使花青素中 3-糖苷结构及芘环结构水解，从而使花青素降解。

这些效应的动力学参数不同于微生物的热破坏。普通化学反应的 Z 值大于微生物热死亡的 Z 值。因此，对于在较高温度下较短时间内进行相同的 F_0 处理，可以减少品质的热损失。这是高温短时（High Temperature Short Time，HTST）概念的理论背景和基础。采用 HTST 方法应注意：

（1）酶失活的 Z 值高于灭菌的 Z 值。因此，对于相等的 F_0 值，如果在较高温度下采用此方法，酶相对于微生物将不那么容易失活。因此，HTST 工艺的最高允许工艺温度是保证产品的残留酶活性不危及长期稳定性的温度。

（2）如果烹饪是热处理的目标之一，则 HTST 过程可能导致烹饪不足。

（3）出于食品安全考虑，热工艺设计关注的是实现产品最冷点处热杀菌所需的 F_0。在较高的加工温度下，会对最冷点区域外的食品造成过度加工引起的热损失，特别是那些导热性良好的食品。

由于种种原因，在最小化损伤的情况下设计热处理以确保安全性，是一项多变量的复杂优化工作。

四、热加工过程的传热考虑

（一）包装热处理

包装食品的热传递过程分为三个连续步骤：从加热介质到包装表面的传热；透过包装的传热；从包装内表面到产品最冷点的内部传热。

1. 加热介质

（1）饱和蒸汽 最有效的加热介质是饱和蒸汽。原因：冷凝蒸汽膜的传热系数很高；易通过压力控制饱和蒸汽的温度；单位质量蒸汽的热容非常高；大多数食品的含水量非常高；当内容物被加热时，包装外部的蒸汽压抵消了内部压力，由此避免了由于过大的压差导致的包装变形和破裂。

（2）热水 从热水到包装的热传递效率较低。在大多数情况下，热水（大多为与蒸汽形式直接接触加热）是对玻璃包装食品或热敏产品进行热加工的优选介质。良好的热水循环对于防止过冷、受热不均至关重要。

（3）蒸汽-空气混合物 这是一种常见的加热介质，传热效率与热水相当。

（4）热气（燃烧气体） 在"火焰灭菌"过程中，包装由燃烧气体和辐射加热过程灭菌。

2. 包装材料

铝、镀锡贴片的导热系数很高，玻璃、高分子材料（如蒸煮袋）的导热系数相对较低。大多数情况下，由于厚度小，可忽略包装对传热的阻力。

3. 内部传热

产品内部可进行对流传热、传导传热，或两者同时进行。在固体食物（肉类）中，热传导是主要模式；在液体食品中，热对流是主要模式。在含有固体颗粒（如果汁中的果粒、酱汁中的肉末等）的液体介质产品中，热量从包装壁传递到液体介质，再从液体介质传递到固体颗粒。最冷点的位置取决于传热方式。对于单一的热传导，最冷点是包装的几何中心。对于垂直罐中无搅动的热对流情形，最冷点位于距罐底 1/3 高度处。对于含有大固体颗粒的低黏度液体介质，最冷点可能分布在固体颗粒的中心。

显然，内部传热阻力是主要因素。在含液体或半液态介质的产品中，通过搅拌可以显著降低这种阻力。

用于预测容器中热渗透率的数学模型是基于瞬态传热理论。当食品包装被加热时，每个食品颗粒的温度 T 趋向于加热介质的温度 T_m。非稳态传热理论预测，在初始调整期后，$\lg(T_m-T)$ 随时间呈线性减小趋势，如图 5-9 所示。

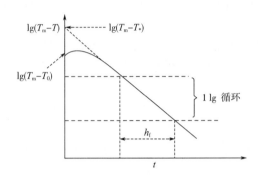

图 5-9 理想热穿透曲线

注：T_m——加热介质温度；

T_0——包装内食品的初始温度；

T_*——通过对直线段进行外推而获得的虚拟初始温度。

实际热穿透曲线通常不同于理论对数线性模型，主要是由于材料性质（黏度、导热性）的变化或热处理过程中从一种传热机制到另一种传热机制的转变。在这种情况下，有时用虚线近似表示时间-温度关系。

（二）流动热处理

热交换器广泛用于可用泵输送的产品的巴氏杀菌或商业灭菌。相比传统的间歇式杀菌，食品连续灭菌技术具有生产能力高，营养成分或生物活性物质损失少的优点，能更好地获得高温短时灭菌的效果。

食品连续杀菌系统通常由三段组成：①加热段：将食品流体加热到一个适当的温度；②保持段：使物料流在保持管内长时间保持加热管出口时的温度以达到规定的杀菌程度；③低温冷却段：在管内将食品低温冷却。其中保持管内发生的微生物或细菌孢子热死过程，遵循一级反应动力学，因此保持段相当于一个等温化学反应器，里面发生等温灭菌过程，设计计算保持段的长度是食品连续灭菌设计的基本任务。这些设计和考量还必须依据食品的流体类型，一般而言，食品由于含有多种组分，非牛顿流体的情况较多见。同时，还要考虑是均相液体还是非均相液体。

目前有两种简化的用于连续灭菌过程的设计。

1. 根据停留时间最短的连续灭菌设计

在层流情况下，由于食品流体沿径向的流速不同，故在保持管内的停留时间不同。只需保证流速最大或停留时间最短的流体微团达到灭菌要求，则所有流体食品都能达到灭菌的要求。保持管长度应按式（5-70）设计：

$$L = \mu_{max}t \qquad (5-70)$$

式中　μ_{max}——流体的最大流速，m/s；

　　　t——灭菌时间，s。

2. 基于停留时间分布的连续灭菌设计

如果采用管轴中心物料微团最短的停留时间作为灭菌时间，则可能会使管轴中心以外的物料微团停留时间过长而引起过热，从而使其中营养成分受损失。比较合理的办法，是根据物料微团的停留时间分布，确定不同物料微团通过保持管的平均灭菌度。此平均灭菌度可根据生产实际的要求或卫生指标确定。

其中，根据最短停留时间的连续灭菌设计，虽然计算简便但可能导致管壁附近的流体加工过头，使食品质量下降或口味改变，因此可用于工业上连续灭菌的初步设计；基于停留时间分布的连续灭菌设计，虽然计算复杂一些，但可以减少食品营养成分的损失，因此一般建议尽可能采用基于停留时间分布导出的设计计算公式用于食品连续灭菌的工业设计。

[例 5-5]　香蕉汁连续灭菌过程保持管长度的计算（张廷红，2006）。

香蕉汁为一种假塑性非牛顿流体，采用连续灭菌方式处理，该加工过程的关键在于确定保持管的长度，以保证达到灭菌目的并同时尽可能保留食品的质量和风味。设计合理的保持管长度还可以减少设备投资费用和维修费用。下面介绍一种典型的设计计算过程。

根据文献查得香蕉汁的特征流变指数 $n = 0.458$，拟在温度 130℃下以 $6\times10^{-4}\,m^3/s$ 的流量，通过内径为 32mm 的不锈钢保持管连续灭菌。假定杀死其中的肉毒梭状芽孢杆菌的 $F_0 = 2.8min$，$Z = 10℃$，确定保持管长度的计算如下：

首先计算香蕉汁通过保持管的平均流速：

$$u_m = \frac{V}{S} = \frac{6\times10^{-4}}{\frac{\pi}{4}(0.032)^2} = 0.746(m/s) \qquad (5-71)$$

最大流速为：

$$u_{max} = \mu_m\left(\frac{3n+1}{n+1}\right) = 0.764\times\left(\frac{3\times0.458+1}{0.458+1}\right) = 1.2154(m/s) \qquad (5-72)$$

杀菌时间为：

$$t = F_0\times10^{\frac{121-T}{Z}} = 2.8\times10^{\frac{121-130}{10}} = 0.3525(min) = 21.15(s) \qquad (5-73)$$

最后由式（5-79）求得保持管长度为：

$$L = \mu_{max}t = 1.2154\times21.15 = 25.7(m) \qquad (5-74)$$

式中　V——管中香蕉汁的体积流量，m^3/s；

　　　S——管路截面圆的面积，m^2。

第七节　本章结语

未来的热处理加工工艺将重点关注利用新的技术和理念实现热传递的在线控制以及高效传热，从而降低能耗，减小损失。

有研究提出一种具有旁路的热交换器网络的在线控制和优化方法，即对换热器网络进行设计。这是以旁路的热交换器网络的边际优化设计为基础，将热交换器网络在一定周期内的累积成本作为目标函数，动态求解最优值，即成本最低时的各项参数。由此可实现通过旁路调节逐渐释放热交换器的边际面积，从而节省能量。类似利用各种数学模型进行预测，实现传热过程设计和优化的研究近年来也越来越多。

参 考 文 献

［1］Berkz. Food Process Engineer and Technology ［M］. 2009.

［2］赵黎明，黄阿根. 食品工程原理 ［M］. 北京：中国纺织出版社，2013.

［3］Safari A, Salamat R, Baik O D. A review on heat and mass transfer coefficients during deep-fat frying：Determination methods and influencing factors ［J］. Journal of Food Engineering, 2018（230）：114-123.

［4］Carslaw H S, Jaeger J C, Feshbach H. Conduction of Heat in Solids ［M］. 1986.

［5］Pereira J A, Ferreira-Dias S, Dionísio, L, et al. Application of unsteady-state heat transfer equations to thermal process of *Morcela de arroz* from *Monchique* region, a portuguese traditional blood sausage ［J］. Journal of Food Processing and Preservation, 2017, 41（2）：e12870.

［6］吴大伟，吴迪，倪婷婷. 液体食品非稳态导热的研究 ［J］. 食品工业科技，2010，31（11）：138-140.

［7］Pflug I J, Odlaug T E. A review of Z and F values used to ensure the safety of low-acid canned food ［J］. Food Technology, 1978.

［8］Costa H C B, Silva D O, Vieira L G M. Physical properties of açai-berry pulp and kinetics study of its anthocyanin thermal degradation ［J］. Journal of Food Engineering, 2018：104-113.

［9］Vikram V B, Ramesh M N, Prapulla S G. Thermal degradation kinetics of nutrients in orange juice heated by electromagnetic and conventional methods ［J］. Journal of Food Engineering, 2005, 69（1）：31-40.

［10］王慧，杨永龙，张杰，等. 巴氏杀菌奶在中国的发展前景分析 ［J］. 中国乳业，2010（12）：42-44.

［11］李宏梁，彭丹，黄峻榕，等. 巴氏杀菌型特浓豆奶的研制 ［J］. 食品工业科技，2006（8）：123-124.

［12］Richardson P, Richardson P. Improving the thermal processing of foods ［J］. Improving the Thermal Processing of Foods, 2004, 23（2）：481-492.

［13］Awuah G B, Ramaswamy H S, Economides A. Thermal processing and quality：principles and overview ［J］. Chemical Engineering and Processing, 2007, 46（6）：584-602.

［14］Abakarov A, Nunez M. Thermal food processing optimization：algorithms and software ［J］. Journal of Food Engineering, 2013, 115（4）：428-442.

［15］Silva C L M, Oliveira F A R, Hendrickx M. Quality optimization of conduction heating foods sterilized in different packages [J]. International Journal of Food Science & Technology, 1994, 29 (5): 515-530.

[16] Banga J R, Moles C G, Alonso A A. Improving food processing using modern optimization [J]. Trends in Food Science & Technology, 2003, 14 (4): 131-144.

[17] 张廷红. 食品流体连续灭菌的设计 [J]. 计算机与应用化学, 2006, 23 (11): 1109-1111.

[18] Luo X, Xia C, Sun L. Margin design, online optimization, and control approach of a heat exchanger network with bypasses [J]. Computers & Chemical Engineering, 2013, 53 (Complete): 102-121.

第六章

CHAPTER

食品冷冻冷藏

自新石器和旧石器时代起，冷冻冷藏便被认为是延长食品贮藏期极为有效的手段，人们用冰雪冷却食品，天然冰雪、凉爽的洞穴和寒冷的夜晚自古就被用于保存食物。然而，食品的低温保藏形成大型的工业化流程，直到 19 世纪后期机械制冷发展起来后才得以实现。

食品冷冻冷藏的基本原理，是由于低温条件下分子运动受到限制，因而化学反应和生理过程在低温下减缓。与热处理不同，低温一般不会致死微生物或破坏酶，只是抑制其活性，因此食品冷藏仅延缓了腐败却无法提高产品的初始质量，所以确保原材料的微生物含量尤为重要。因此冷藏不是一种"永久性保存"的方法，冷冻冷藏食品都有一定的保质期，其时间长短取决于贮藏的温度。

制冷（Refrigeration）方式包括：冷却（Chilling）、冻结（Freezing）、过冷处理（Superchilling Process）。冷却的温度条件是 0~8℃（家用冰箱：0~5℃）。冻结的温度远低于冰点，通常低于 -18℃（家用冰箱：-18℃，主要冷库：-28℃，某些食品冷库：-60℃）。这两种方式之间不仅仅存在温度上的差别。由于冻结温度较低，冻结过程可以将食品基质中的水分形成冰晶，导致食品基质中的溶质被浓缩，从而使水分活度（A_w）降低，所以冻结可使食物长时间保藏。过冷处理的温度略低于冰点，通常为 -4~-1℃。食品工业中，制冷不仅用于保藏食品，还可以用于其他的加工，如冷冻浓缩、冷冻干燥等。

第一节　温度对食品腐败的影响

一、温度对化学活度的影响

温度对贮藏过程中食品品质影响很大，它不仅影响食品中的各种化学变化和生物学变化的速率，而且影响食品的稳定性和卫生安全。简而言之，温度影响食品品质是一个复杂的属性，它影响到消费者对产品的接受程度。食品品质的降低可以通过一个或者多个品质指标的损失来表示（如风味、颜色、维生素 C 含量），也可以通过不良产物的形成来表示（如过氧化值）。

对于冷冻冷藏食品，引起食品品质变化的物理变化以及化学反应动力学在食品货架期中至关重要。

范特霍夫（Van't Hoff）通过大量实验总结出，温度每升高10℃，速率常数 k 约变为原来的2~4倍，这个规律被称为范特霍夫规则，如式（6-1）所示：

$$kT + \frac{10}{kT} = \gamma = 2 \sim 4 \tag{6-1}$$

阿伦尼乌斯（Arrhenius）在范特霍夫研究的基础上，总结了大量实验数据，提出了阿伦尼乌斯方程，描述反应速率常数 k 与温度 T 之间的关系，见式（2-19）。

在相当宽的温度范围内，化学腐败的反应动力学（如非酶促褐变和一些维生素的损失）的反应速率与阿伦尼乌斯方程中的反应速率非常接近。因此，阿伦尼乌斯方程被广泛用于预测食品贮藏期间的化学腐败。在使用阿伦尼乌斯方程时应注意由于相变原因导致模型不连续的现象。当阿伦尼乌斯模型不能很好地预测某些温度区间食品品质的改变时，我们需要引入一些其他的模型来描述食品品质改变与温度的关系。例如，罗杰斯蒂（Logistic）模型，威廉姆斯-朗德尔-费里（Williams-Landel-Ferry）模型等。

Logistic 方程是 Weibull 模型的二级方程，常用于描述食品中某些品质变化与温度时间的关系，如式（6-2）所示。

$$k = \ln\left[1 + e^{C(T-T_c)}\right] \tag{6-2}$$

式中　k——化学反应的速率常数；

　　　T——绝对温度，K；

　　　C——常数；

　　　T_c——常数。

[例 6-1]　冷藏条件下松浦镜鲤鱼片品质变化的预测（Yulong Bao，2012）。

本例使用阿伦尼乌斯模型和 Log-Logistic 模型研究了在冷藏期间松浦镜鲤（Cyprinus Carpio）鱼片品质的变化。通过探究感官评分（Sensory Score，SS）、总好氧计数（TAC）、总挥发性碱性氮（TVB-N）和鱼片电导率（EC）这几个指标的变化与冷藏温度及时间的关系，预测在一定冷藏温度下鱼片的货架期。

在某些温度条件下，整个系统是惰性的，其化学反应速率仅在足够高的温度下才能加速。在这种情况下，可以用 Log-Logistic 模型来替代阿伦尼乌斯模型。

首先，将实验数据拟合为零级、一级和二级化学反应动力学方程，通过相关系数的比较确定每个品质指标的最佳动力学方程。然后，通过阿伦尼乌斯方程和 Log-Logistic 方程模拟鱼片品质变化与温度的关系。最后，选定一个温度条件，通过相对误差来评估模型的准确性。

反应速率方程表示为如式（6-3）：

$$-\frac{\mathrm{d}C}{\mathrm{d}t} = kC^n \tag{6-3}$$

式中　C——贮藏 $t(\mathrm{d})$ 后品质指标的值；

　　　k——速率常数；

　　　n——反应级数。

对于零级反应：

$$C = C_0 - kt \tag{6-4}$$

对于一级反应：

$$C = C_0 e^{(-kt)} \tag{6-5}$$

对于二级反应：

$$1/C = 1/C_0 + kt \tag{6-6}$$

图 6-1（1）~（4）是不同温度下鱼片品质指标随时间的变化，通过动力学方程拟合，在结果中选择相关系数之和最高的反应级数作为最佳拟合结果。最终得到，SS 和 TAC 符合零级反应动力学方程，TVB-N 和 EC 符合二级反应动力学方程。

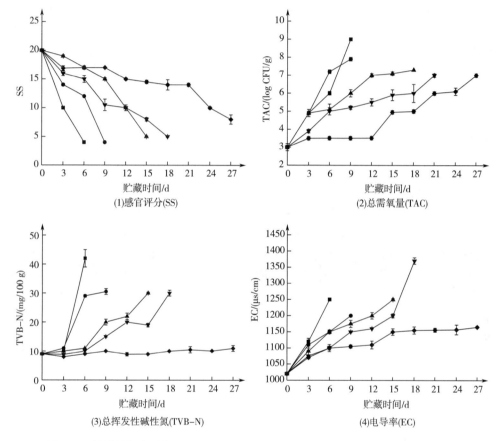

图 6-1　松浦镜鲤鱼片在 270、273、276、282 和 288K 贮藏期间的品质变化

—■— 288K　—●— 271K　—▲— 276K　—▼— 273K　—◆— 270K

线性拟合反应动力学方程得到速率常数 k，用线性回归（$\ln k$ 比 $1/T$）计算阿伦尼乌斯模型式（2-19）中的活化能（E_a）与频率因子（A）。得到结果，SS、TAC、TVB-N 和 EC 值的活化能（E_a）分别为 87.29，93.47，85.12，77.92kJ/mol，相应的频率因子（A）分别为 3.19×10^{16}、1.68×10^{17}、1.12×10^{14}、7.15×10^9。

最终 SS、TAC、TVB-N 和 EC 随鱼片质量变化的阿伦尼乌斯模型分别在式（6-7）到式（6-10）中给出。

$$C_{SS} = C_{SS0} - 3.19 \times 10^{16} t e^{(-87293.68/RT)} \tag{6-7}$$

$$C_{TAC} = C_{TAC0} + 1.68 \times 10^{17} t e^{(-93471.69/RT)} \tag{6-8}$$

$$\frac{1}{C_{TVB-N}} = \frac{1}{C_{TVB-N0}} - 1.12 \times 10^{14} te^{(-85122.76/RT)} \tag{6-9}$$

$$\frac{1}{C_{EC}} = \frac{1}{C_{EC0}} - 7.15 \times 10^{9} te^{(-77923.13/RT)} \tag{6-10}$$

式中　t—贮藏时间，d。

阿伦尼乌斯模型的替代方案是 Log-Logistic 模型 [式 (6-2)]，Log-Logistic 模型的参数 C 和 T_c（单位 K）可以通过线性回归得出 [$\ln(e^k-1)/T$]，如果所有组的回归系数极高（$r^2 > 0.90$）表明基于 Log-Logistic 方程的模型具有良好的相关性。最终得到 SS、TAC、TVB-N 和 EC 值的参数 C 值分别为 0.32、0.20、0.13、0.12，相应的 T_c 值分别为 272.76、280.00、311.84、369.71K。基于 SS、TAC、TVB-N 和 EC 随鱼片质量变化的 Log-Logistic 模型分别在式 (6-11) ~ 式 (6-14) 中给出。

$$C_{SS} = C_{SS} - t \cdot \ln\{1 + e^{[0.32(T-272.76)]}\} \tag{6-11}$$

$$C_{TAC} = C_{TAC0} + t \cdot \ln\{1 + e^{[0.20(T-280.00)]}\} \tag{6-12}$$

$$\frac{1}{C_{TVB}} - N = \frac{1}{C_{TVB}} - N_0 - t \cdot \ln\{1 + e^{[0.13(T-311.84)]}\} \tag{6-13}$$

$$\frac{1}{C_{EC}} = \frac{1}{C_{EC0}} - t \cdot \ln\{1 + e^{[0.12(T-369.71)]}\} \tag{6-14}$$

式中　t——贮藏时间，d。

最后评估阿伦尼乌斯模型和 Log-Logistic 模型的准确性，结果如表 6-1 所示。

表 6-1　　　　贮藏在 276K 的松浦镜鲤鱼片质量指标的预测值和实测值

指标		贮藏时间/d				
		3	6	9	12	15
感官指标	实测值	16.33 ± 1.15^a	16.00 ± 1.73^a	10.33 ± 1.53^b	9.67 ± 2.08^b	4.00 ± 0.00^c
阿伦尼乌斯模型	预测值	17.12	14.24	11.36	8.48	5.60
	相对误差/%	4.84	-11.00	9.97	-12.31	40.00
Log-Logistic 模型	预测值	15.61	11.23	6.84	2.45	-1.93
	相对误差/%	-4.41	-29.81	-33.79	-74.66	-148.25
TAC/(log CFU/g)	实测值	5.36 ± 0.10^a	6.30 ± 0.13^b	7.12 ± 0.02^c	7.30 ± 0.18^c	7.70 ± 0.14^d
阿伦尼乌斯模型	预测值	4.23	5.25	6.28	7.31	8.33
	相对误差/%	-21.08	-16.67	-11.80	0.14	8.18
Log-Logistic 模型	预测值	4.32	5.44	6.56	7.69	8.81
	相对误差/%	-19.40	-13.65	-7.87	5.34	14.42
TVB-N/(mg/100g)	实测值	10.37 ± 0.64^a	13.72 ± 1.06^a	20.64 ± 3.80^b	26.04 ± 1.99^c	30.50 ± 0.43^d
阿伦尼乌斯模型	预测值	8.32	10.63	14.71	23.85	63.06
	相对误差/%	-19.77	-22.52	-28.73	-8.41	106.75
Log-Logistic 模型	预测值	8.31	10.58	14.57	23.39	59.20
	相对误差/%	-19.86	-22.89	-29.41	-10.18	94.10
EC/(μs/cm)	实测值	1084.0 ± 33.2^a	1144.5 ± 17.7^{ab}	1178.0 ± 25.5^{bc}	1195.0 ± 40.3^{bc}	1247.0 ± 29.7^c

续表

指标		贮藏时间/d				
		3	6	9	12	15
阿伦尼乌斯模型	预测值	1056.6	1101.2	1149.7	1202.7	1260.7
	相对误差/%	-2.53	-3.78	-2.40	0.64	1.10
Log-Logistics 模型	预测值	1056.4	1100.7	1148.9	1201.5	1259.1
	相对误差/%	-2.55	-3.83	-2.47	0.54	0.97

注：所有观测值均为平均值$\pm SD(n=3)$；同一行内平均值字母标注不同则差异显著（$P<0.05$）。

结果表明，基于感官评分，两种模型都可以在贮藏初期预测松浦镜鲤鱼片的质量。从表 6-1 可以看出，大多数预测值低于实测值，因此需要引入参数或者常数来提高两种模型的准确度。

除温度外，水分含量和水分活度（A_w）也是影响冻结温度以上品质劣变反应的重要因素。水分含量和 A_w 会影响动力学参数（k_0、E_a）和反应物的浓度，在有些情况下甚至还会影响表观反应级数。其他影响食品反应速率的因素有 pH、气体组成、分压以及总压等。

二、低温对酶活性的影响

食品加工和贮藏中，酶的主要来源是食品本身和微生物两个方面，酶催化反应通常使食品的营养和感官品质下降，因此抑制酶活是食品加工贮藏过程中的重要内容。食品冷藏就是利用低温使酶减缓催化速率或使之失活，从而延长食品保藏期。

根据米氏方程［式（2-29）］，影响酶催化反应速率的因素主要包括：反应温度、pH、酶浓度［E］、底物浓度［S］、激活剂和抑制剂。其中温度对酶催化反应的影响比较复杂。一般来讲，温度对酶催化反应的影响具有双重性：一是温度对酶催化反应本身的影响，包括影响最大反应速率 V_{max}，影响酶与底物的结合，影响酶与抑制剂、激活剂或辅酶的结合，影响酶与底物的解离状态等；二是温度对酶蛋白稳定性的影响，即对酶的变性失活作用。因此，只有在某一温度时，V_{max} 达到最大，此时的温度称为酶的最适温度，如图 6-2 所示。但是，酶的最适温度并不是酶的特征性物理常数，一种酶的最适温度通常不是完全固定的，它与作用时间长短有关，反应时间增长时，最适温度降低。此外，最适温度还与底物浓度、反应 pH、离子强度等因素有关。大多数动物源酶的最适温度为 37~40℃，植物源酶的最适温度为 50~60℃。在最适温度条件下，酶的催化活性最强。随着温度的升高或降低，酶活性均下降。一般来讲，在 0~40℃范围内，温度每升高 10℃，反应速率将增加 1~2 倍。一般最大反应速率所对应的温度均不超过 60℃。当温度高于 60℃时，绝大多数酶的活性急剧下降。过热后酶失活是由于酶蛋白发生变性的结果。而温度降低时，酶的活性也逐渐减弱。例如，若以脂肪酶 40℃时的活性为 1，则在-12℃时降为 0.01，在-30℃时降为 0.001。

总之，在低温区间，降低温度可以降低酶促反应速率，因此食品在低温条件下，可以抑制由酶引起的食品劣变。低温贮藏温度要根据酶的品种和食品的种类而定，对于多数食品，在-18℃低温下贮藏数周至数月是安全的；而对于含有不饱和脂肪酸的多脂鱼类等食品，则需在-30~-25℃的低温中贮藏，以达到有效抑制酶作用的目的。酶活性虽在低温条件下显著下降，但并不是完全失活，即便在冰点以下酶依然具有一定的活性。这也是必须通过烫漂使酶失

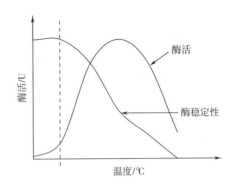

图 6-2　温度对酶活性和稳定性的影响

活的原因，烫漂常用于冷冻蔬菜的前处理。长期低温贮藏食品的质量可能会因为一些酶在低温下仍具有活性而下降，而且当食品解冻后，随着温度的升高，仍保持活性的酶将重新活跃起来，加速食品变质。

底物浓度 [S] 和酶浓度 [E] 对催化反应速率的影响也很大，一般来说，[S] 和 [E] 越高，催化反应速率越快。食品冻结时，当温度降至-5~-1℃时，有时会出现催化反应速率比高温时快的现象，这是因为在这个温度区间，食品中的水分有约80%冻结成冰，使未冻结溶液的 [S] 和 [E] 都相应增加。因此，快速通过最大冰晶生成带不仅能减少对食品的机械损伤，还能减少酶对食品的变质的催化。

有些情况下，低温下酶活性的存在是有利的，如冷冻肉的老化或多种奶酪风味的产生；但酶作为食品变质的因素之一，保藏过程中应该尽量抑制，如抑制鱼肉中的蛋白酶或肉类中的脂肪酶等酶的活性。

三、低温对微生物生长的影响

在正常生长繁殖条件下微生物细胞内各种生化反应是相互协调一致的，在降温时各种生化反应按照各自的温度系数（用 Q_{10} 表示）减慢，由于各种生化反应各不相同，因而破坏了各种反应原有的协调一致性，影响了微生物的生命机能。温度降得越低，失调程度越大。降低温度使微生物细胞内原生质体浓度增加，细胞内外水分冻结形成冰晶，胶体吸水性下降，蛋白质分散度改变，最终导致部分不可逆的蛋白质变性。

按照微生物对温度的适应性，可分为四类：嗜热菌（Thermophiles）、嗜温菌（Mesophiles）、耐冷菌（Psychrotropic）和嗜冷菌（Psycrophilic）。表 6-2 给出了这四类微生物相应的生长温度范围。

表 6-2　　　　　　　　　　　　　按生长温度的细菌分类　　　　　　　　　　　　单位:℃

细菌种类	生长温度		
	最低温度	最适温度	最高温度
嗜热菌	34~45	55~75	60~90
嗜温菌	5~10	30~45	35~47
耐冷菌	-5~5	20~30	30~35
嗜冷菌	-5~5	12~15	15~20

这四类微生物，它们的生长依赖于温度，温度决定了它们的生长速率。图 6-3 定性地揭示了嗜热菌、嗜温菌和嗜冷菌的生长速率（每小时世代数）与温度的依赖性，但是即便在最适温度下，嗜冷菌的生长速度也要慢得多。在冷藏食品中，嗜冷菌和耐冷菌显然是引起变质的主要原因，因此要特别关注这两类菌。图 6-4 表示温度和微生物生长之间的关系。可以看出，在较低温度下，微生物的诱导期（滞后期）较长，对数期微生物的生长速度较慢。由于上述原因，食品在低温贮藏一段时间之后的细菌数量保持相当低的水平。总之，冷藏食品的微生物数量与产品货架期的时间—温度曲线联系紧密。当然，pH 和水分活度（A_w）等其他因素在食品微生物生长中也起着重要作用，常作为微生物生长模型建立的关联因素。

预测微生物学尝试开发用于预测食品中微生物生长状况的模型，通过建立食品贮藏条件与微生物生长速率之间的方程式来预测食品中微生物的生长状况，广泛应用于食品货架期、食品安全的预测和管理。

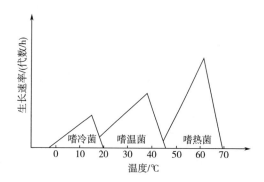

图 6-3　温度对不同微生物影响的分类

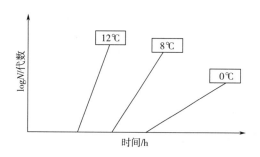

图 6-4　贮藏温度对微生物影响的示意图

[例 6-2]　单核细胞增生李斯特菌生长速率预测——蒂农贡（Tienungoon）模型（Tienungoon，2001）。

食品冷藏中最常见的嗜冷菌有耶氏菌（*Yersinia*）和单核细胞增生李斯特菌（*Listeria monocytogenes*，简称 *L. monocytogenes*），其中 *L. monocytogenes* 是李斯特菌属中唯一能引起人类疾病的菌株。它是一种兼性厌氧菌，主要以食物为传染媒介，广泛存在于自然界中，在 4℃ 的环境中仍可生长繁殖，是冷藏食品中威胁人类健康的主要病原菌之一。

海产品中影响微生物数量的主要因素是温度和 pH。鱼类和水生无脊椎动物的天然 pH 如

表6-3所示，其中 *L. monocytogenes* 的生长限制条件在许多综述中有详细讨论，在表6-4中列出。

表6-3　　　　　　　　　　　一些鱼类和贝类的可食用部分的 pH

产品	pH
鱼肉（多数鱼类）	6.6~6.8
蛤蜊	6.5
螃蟹	7.0
生蚝	4.8~6.3
金枪鱼	5.2~6.1
虾	6.8
三文鱼	6.1~6.3

表6-4　　　　　　　　　　　*L. monocytogenes* 的生长条件限制

环境因素	最低限度	最高限度
温度/℃	-2~4	≤45
盐分/NaCl%	13~16	<0.5
水分活度	0.91~0.93	>0.997
pH	4.2~4.3	9.4~9.5
乳酸（水相）	0	3.8~4.6mmol/L，未解离酸的最小抑菌浓度 800~1000mmol/L，乳酸钠最小抑菌浓度

Tienungoon 等提出的 Tienungoon 模型可用以预测 *L. monocytogenes* 的产生时间和生长速率，并通过式（6-15）表示。该模型是各因素相关项相乘得到的对于 *L. monocytogenes* 生长速率的预测：

$$k = a \times \{(T - T_{min}) \times \{1 - \exp[b \times (T - T_{max})]\}\}^2 \times \{(A_w - A_{wmin}) \times \{1 - \exp[c \times (A_w - A_{wmax})]\}\}$$
$$\times (1 - 10^{pH_{min} - pH}) \times (1 - 10^{pH - pH_{max}}) \times \left[1 - \frac{C_a}{U_{min} \times (1 + 10pH - pK_a)}\right]$$

$$(6-15)$$

式中　　k——*L. monocytogenes* 生长速率；

　　　　A_w——环境水分活度；

　　　　T_{min}——*L. monocytogenes* 最低生长温度；

　　　　T_{max}——*L. monocytogenes* 最高生长温度；

　　　　A_{wmin}——*L. monocytogenes* 最低生长水分活度；

　　　　A_{wmax}——*L. monocytogenes* 最高生长水分活度；

　　　　pH_{min}——*L. monocytogenes* 最低生长 pH；

　　　　pH_{max}——*L. monocytogenes* 最高生长 pH；

　　　　U_{min}——未解离有机酸最小抑菌浓度；

C_a——有机酸浓度，mmol/L；

pK$_a$——一半有机酸处于解离状态的 pH；

a、b、c——常数。

式（6-15）中，第一行是表述温度与 *L. monocytogenes* 生长速率的关系；第二行是表述水分活度与 *L. monocytogenes* 生长速率的关系；第三行是表述 pH 与 *L. monocytogenes* 生长速率的关系；第四行是表述未解离有机酸浓度与 *L. monocytogenes* 生长速率的关系。如果其中一项影响因素的值是恒定的，那么它就可以用常数代替。

通过式（6-15）得到 *L. monocytogenes* 在不同生长条件下的生长速率的预测结果，显示在表6-5中。

表6-5 *L. monocytogenes* 生长速度的预测（Tienungoon 模型）

温度/℃	*L. monocytogenes* 不同生长条件下的生长速率（l/代时）		
	pH 7.0，A_w: 0.990	90mmol/L 总乳酸浓度，pH 6.2, A_w: 0.990	90mmol/L 总乳酸浓度，pH 6.2, A_w: 0.965
25	1.22	1.03	0.646
10	0.174	0.147	0.092
7	0.078	0.066	0.042
5	0.035	0.030	0.019
0	0.002	0.001	0.001

例6-2 中，使用了简单的 Tienungoon 模型来预测了食用鱼产品中单核细胞增生李斯特菌的生长速率。其实在食品冷藏加工中存在着大量的数据和模型可用于预测各种嗜冷菌数量的变化，但目前还没有包含可能影响嗜冷菌的生长、存活和死亡的所有变量的模型。因此将所有可用数据汇总在一起，尽可能生成包含所有可能影响嗜冷菌生长因素的模型，将是未来预测微生物学在食品冷藏这一方面的发展方向。

[例6-3] 比较温度和水分活度对食品腐败霉菌的生长速率的影响（MSautour，2002）。

霉菌通过改变食品的感官特性，在食品的变质过程中起着特殊的作用。决定食品中霉菌生长能力的两个重要环境因素是 A_w 和温度。MSautour 等通过比较平方根（Belehradek）模型 [式（6-16）] 中的幂指数大小，评估了环境因素温度和水分活度对七种真菌生长速率的相对影响。

Belehradek 模型是基于生物参数的无量纲方法，在幂函数中使用标准化变量来比较适温细菌的生长速率。

$$\mu_{dim\alpha} = T_{dim}^{\alpha} \tag{6-16}$$

式中 $\mu_{dim\alpha}$——无量纲生长速率；

T_{dim}——无量纲温度；

α——待测定的设计参数。

该模型最初由 Belehradek 描述，其发现不同生物反应的 α 值不同。此后也被证明与嗜温菌和嗜冷菌相比，嗜热菌的 α 较小。

T_{dim} 描述如式（6-17）：

$$T_{dim} = \frac{T - T_{min}}{T_{opt} - T_{min}} \qquad (6-17)$$

式中　T——试验温度，℃；

　　　T_{min}——A_w 为 0.99 的条件下，在 6 周后没有观察到真菌增长的最低温度，℃；

　　　T_{opt}——霉菌达到最大生长速率 $\mu_{opt\alpha}$ 时的最适温度，℃。

无量纲变量 A_{wdim} 描述如下：

$$A_{wdim} = \frac{A_w - A_{wmin}}{A_{wopt} - A_{wmin}} \qquad (6-18)$$

式中　A_w——试验水分活度；

　　　A_{wmin}——在每种霉菌各自的最适温度条件下，6 周后没有观察到真菌增长的最小水分活度；

　　　A_{wopt}——霉菌达到最大生长速率 $u_{opt\beta}$ 时的最适水分活度。

然后，上述变量被应用于 Belehradek 模型中：

$$u_{dim\alpha} = \frac{u}{u_{opt\alpha}} = T_{dim}^{\alpha} \qquad (6-19)$$

式中　u——特定水分活度下，某一温度的霉菌生长速率，mm/d；

　　　$u_{opt\alpha}$——最适温度下霉菌的生长速率，mm/d；

　　　α——待测定的设计参数。

$$u_{dim\beta} = \frac{u}{u_{opt\beta}} = A_{wdim}^{\beta} \qquad (6-20)$$

式中　u——特定温度下，某一水分活度的霉菌生长速率，mm/d；

　　　$u_{opt\beta}$——最适水分活度下霉菌的生长速率，mm/d；

　　　β——待测定的设计参数。

所有系数均采用非线性回归软件进行估计。分别得到所选七种霉菌的系数见表 6-6。

对式（6-19）和式（6-20）作对数转换，得

$$\alpha = \frac{d(\ln u_{dim\alpha})}{d(\ln T_{dim})} \qquad (6-21)$$

$$\beta = \frac{d(\ln u_{dim\beta})}{d(\ln a_{wdim})} \qquad (6-22)$$

表 6-6　　　　　　　　　　　　七种霉菌的相关系数表

霉菌	T_{opt}/℃	u_{opt} α/(mm/d)	A_{wopt}	u_{opt} β/(mm/d)	T_{min}/℃	A_{wmin}
Alt. alternata	25	4.8	0.985	4.7	-2	0.88
A. flavus	31	5.7	0.970	9.7	12	0.83
C. cladosporioides	25	3.0	0.985	4.4	-4	0.86
M. racemosus	25	11.2	0.985	13.3	-4	0.91
P. chrysogenum	25	3.1	0.985	4.6	-4	0.81
R. oryzae	35	56.7	0.985	56.8	2	0.89
T. harzianum	25	19.6	0.990	15.3	4	0.91

所选霉菌的 α 和 β 置信区间为95%的估计值和回归系数见表6-7。

表6-7　　　　　　　所选霉菌的 α 和 β 置信区间为95%的估计值和回归系数

霉菌	α	r_α^2	β	r_β^2
Alt. alternata	1.10±0.08	0.950	2.11±0.10	0.965
A. flavus	0.81±0.05	0.972	1.50±0.08	0.985
C. cladosporioides	1.26±0.09	0.956	1.71±0.05	0.978
M. racemosus	1.10±0.04	0.984	1.91±0.14	0.951
P. chrysogenum	1.54±0.12	0.933	2.00±0.08	0.954
R. oryzae	1.40±0.03	0.990	2.37±0.18	0.924
T. harzianum	1.44±0.09	0.966	2.44±0.12	0.971

α 值描述了温度对真菌生长的影响，β 值描述了水分活度 A_w 对真菌生长的影响。对于相同的 x 轴偏差，$d(\ln T_{dim}) = d(\ln A_{wdim})$，$d(\ln u_{dim\alpha})$ 与 α 成比例，$d(\ln u_{dim\beta})$ 与 β 成比例。在这样的一个条件下，如果 α 小于 β，相较于温度 $d(\ln u_{dim\alpha}) = \ln u - \ln u_{opt\alpha}$，水分活度 $d(\ln u_{dim\beta}) = \ln u - \ln u_{opt\beta}$ 对对数坐标下生长速率下降的影响更大。由表6-7可知，对于该文献中所研究的全部真菌，α 值明显小于 β 值，证明了水分活度较温度对真菌生长有更大的影响。

由例6-3可知，在食品贮藏中，可利用上述模型对食品中真菌生长进行预测。

四、低温对鲜活组织呼吸作用的影响

对于收获后的水果和蔬菜或者处理过的肉糜这类鲜活组织，它们通常具有代谢活性。水果和蔬菜收获后发生的主要生化过程是呼吸作用，其中糖被"燃烧"，O_2 被消耗并且产生 CO_2 被释放出来。鲜活组织的呼吸速率是通过测量 O_2 消耗速率或 CO_2 释放速率来确定。呼吸作用是贮藏过程中水果和蔬菜变质最重要（但不是唯一）的原因。通常认为新鲜农产品的保质期与呼吸速率的高低成反比。呼吸速率与环境温度密切相关，在常用的贮藏温度范围内，温度每增加10℃，呼吸速率就会增加2~4倍（也就是温度系数 Q_{10} 为2~4）。但是贮藏温度太低可能会导致一些组织出现"冻伤"，当温度降至水果、蔬菜组织冰点以下时，细胞中水就会结冰，造成细胞原生质体损伤，生物膜区域化作用遭到破坏，酶与原生质由结合态变为以激活分解过程为主的游离态，反而会刺激呼吸作用。细胞原生质一旦遭到损伤便不能维持正常的呼吸系统功能，中间产物的积累产生异味异臭，氧化产物的积累使冻伤组织产生黑色褐变。因此，水果、蔬菜一般应贮藏在略高于冰点温度的环境中。

水果和蔬菜的收获后呼吸强度不同。表6-8是一些新鲜农产品在贮藏期间的呼吸速率的粗略分类：

表6-8　　　　　　　　　农产品在贮藏期间的呼吸速率的分类

呼吸速率分类	农产品品名
高呼吸速率	鳄梨、芦笋、菜花、浆果
中等呼吸速率	香蕉、杏、李、胡萝卜、圆白菜、番茄
低呼吸速率	柑橘、苹果、葡萄、马铃薯

通过冷藏和气调贮藏相结合的方式，可以控制水果、蔬菜和鲜花的呼吸速率。气调是指在低温封闭空间的长途运输中，其中气体成分经过人工调整将呼吸速率降低到细胞维持活性的基本水平。气调中气体的最佳组成取决于产品的品类，表6-9显示了几种常见水果和蔬菜的最佳贮藏条件。

表6-9　　　　　　　　　　　　一些水果和蔬菜的最佳贮藏条件

气调贮藏的水果			
产品种类	温度/℃	气调组成	
		O₂ 体积分数/%	CO₂ 体积分数/%
菠萝	10~15	5	10
鳄梨	12~15	2~5	3~10
柚子	10~15	3~10	5~10
柠檬	10~15	5	0~10
杧果	10~15	5	5
番木瓜	10~15	5	10
甜瓜（哈密瓜）	5~10	3~5	10~15
普通冷藏的蔬菜			
产品种类	温度/℃		相对湿度/%
菊芋	0~2		90~95
芦笋	0~2		95~100
西蓝花	0~2		95~100
胡萝卜	0~2		98~100
茄子	10~14		90~95
洋葱	0~2		65~75
马铃薯	8~12		90~95

呼吸是一个放热过程。在计算所需的制冷负荷时，必须考虑在冷藏贮藏和运输过程中产品呼吸所释放的热量。表6-10给出了特定的几种产品贮藏期间的近似放热率。单独使用低温保藏并不能足以延长水果和蔬菜的保质期，在收获后的贮藏过程中必须控制的另一个重要条件就是相对湿度。

表6-10　　　　　根据贮藏温度，特定商品冷藏期间的近似放热速率　　　　　单位：W/t

产品种类	热储存率			
	0℃	5℃	10℃	15℃
苹果	10~12	15~21	41~61	41~92
圆白菜	12~40	28~63	36~86	66~169
胡萝卜	46	58	93	117

续表

产品种类	热储存率			
	0℃	5℃	10℃	15℃
甜玉米	125	230	331	482
青豆	90~138	163~226	—	529~999
橙子	9	14~19	35~40	38~67
草莓	36~52	48~98	145~280	210~275

五、低温对食物物理性质的影响

低温条件引起食物物理性质的变化，可能对食品质构产生显著影响。冷冻食品在贮藏期间最主要的变化是水分迁移和重结晶，这两种现象都与产品内部和表面冻结水的稳定性有关。

在缓慢冻结的过程中，组织中水分在渗透压作用下从细胞内部区域迁移到冻结浓缩区。这种现象会导致细胞脱水、细胞壁破裂、失去膨胀压和细胞破碎。这些现象不仅会影响到产品的质构，而且会引起产品在解冻烹饪过程中汁液过多损失，造成营养物质流失。

在冷藏过程中，由于产品内部温度梯度的存在，产品内部蒸汽压分布不均匀，从而引起水分迁移和再分布。水分迁移的主要趋势是迁移到食品的周围空间，并在产品表面和内包装表面积累，导致包装内部冰晶体的形成，温度波动使水分从食品内部向食品表面或包装袋发生净转移。包装材料的温度会随着贮藏室温度的变化而变化，但其变化速率比食品本身要快。如果环境温度下降，包装和食品空隙内的水分会升华并且扩散到包装上；当环境温度上升时，水分就会由包装扩散到食品表面，但是水分不可能在食品表面发生重吸收，即该过程是不可逆的，所以造成产品质量的损失。通过在产品和包装内部维持较小的温度梯度和温度波动，并在产品和包装内部设置阻隔物，可使得水分迁移最小化。

冻伤是一种食品表面失水的现象，这种现象是由水分升华引起的。冻结组织在没有足够防潮材料包装时，会出现这种现象。由于组织表面层冰的蒸汽压高于环境蒸汽压，冰就会升华造成冻伤。冻伤使氧气与食品表面的接触面积增加，加快氧化反应，导致食品的颜色、质构与气味发生不可逆变化。冷藏室的冷冻盘管（蒸发器）的温度通常低于周围空气温度，因此水分会在盘管上冻结成冰，这个过程会将空气中的水分去除，冷冻室内空气湿度将降低，由于冷冻食品的表面蒸汽压高于空气的蒸汽压，因此未受保护物料的水分会以蒸汽的形式损失。只要蒸汽压差存在，水分升华就一直存在；只要在未包装的冷冻食品表面上喷涂上一层冰，就能防止食品的干耗；如果使用密封性良好和不透蒸汽材料的包装，则可避免发生蒸发，从而防止冻伤。

在冷冻过程中，缓慢冷冻会导致较低的晶核化速率，形成数量少的大体积冰晶；而快速冷冻可提高晶核化速率，从而形成大量小体积冰晶体。然而冻藏过程中冰晶体会产生形态上的变化。重结晶削弱了速冻的优势，重结晶是指在初始固定化完成后，冰晶大小、数量、定位、形状和晶体完整性方面发生的变化。冻结态水溶液中的重结晶是冰晶平均尺寸随时间不断增加的过程。小冰晶是热力学不稳定体系，具有较高的比表面积，累积大量过剩的表面自由能。要使自由能最小化则在冰相体积不变的情况下减少冰晶数目，但是平均粒径增加。重结晶的过程包括晶体合并、小冰晶消失、大冰晶生长，这些过程皆会影响食品品质，因为在冷冻过程中小冰晶使食品保持良好品质，而大冰晶会对食品造成损害。重结晶化速率在亚冷冻范围内会随着水溶液相温度的升高而加快。

不同类型的重结晶过程包括：

①同质型：这个过程包含晶体形状或内部结构的变化，并使冰晶缺陷降低，因为冰晶趋向于用较低的能量水平维持恒定的冰晶数量。

②迁移型：这个过程是指多晶体系中大冰晶通过合并小冰晶而使体积变大的过程。

③增生型：增生型重结晶是指相互接触的晶体合并使晶体体积增加数目减少、晶相的表面能降低的过程。

④压力诱导型：当晶体受到外力作用时，压力方向与晶面一致的晶体朝其他方向膨胀。此类型结晶在食物中并不常见。

⑤侵入型：在极其快速的冷冻条件下，并不是所有可冻结的水都能够转化为冰，水相的一部分以非晶体的状态固化，当体系回温到某一临界温度时，会发生结晶化，这种现象被称为侵入型重结晶，也称玻璃态化。

[例 6-4] 抗冻剂对南美白对虾肉冷藏过程结晶的影响（赵亚，张平平，2016）。

产品冻结/冻藏过程中极易出现冰晶生长，会增加机械损伤致使细胞完整性破坏，从而对食品的质构产生显著影响。目前，添加抗冻剂是缓解肉类冷冻变性常用的方法，其中水产品冻藏过程中常采用糖类作为抗冻剂。水产品冻藏过程中蛋白质变性与其最大冷冻浓缩溶液时的玻璃化转变温度密切相关，不同含水率的水产品在不同温度下所处的物理状态可通过状态图描述，同时状态图也可以预测食品的贮藏稳定性。

研究发现，在南美白对虾肉冷藏过程中，加入赤藓糖醇提高了虾肉的玻璃化转变温度（T'_g）。将样品虾肉均分为 2 份，一份按虾肉质量添加 5%赤藓糖醇（PV-E），另一份为纯虾肉（PV）作为对照。虾肉的 T_g 通过 DSC 测定，分析热流密度曲线，可得样品玻璃化转变温度范围（包括初始 T_{gi}、中点 T_{gm} 和终点 T_{ge}），取 T_{gm} 作为样品的玻璃化转变温度。采用戈登-泰勒（Gordon-Taylor）方程 [式（6-23）] 对 T_{gm} 进行数据拟合。通过差示扫描量热法（DSC）测定不同含水率虾肉的 T_f，采用克劳修斯-克拉贝龙（Clausius-Clapeyrom）方程 [式（6-24）] 拟合 T_f 数据。从而得到 PV [图 6-5（1）] 与 PV-E [图 6-5（2）] 的状态图。

$$T_{gm} = \frac{X_s T_{gs} + k X_w T_{gw}}{X_s + k X_w} \tag{6-23}$$

式中　T_{gm}——样品的玻璃化转变温度，℃；

　　　T_{gs}——溶质的玻璃化转变温度，℃；

　　　T_{gw}——水的玻璃化转变温度，取−135℃；

　　　X_s——溶质湿基含量，g/g；

　　　X_w——湿基含水率，g/g；

　　　k——模型参数。

$$T_w - T_f = -\frac{\beta}{\lambda_w} \ln\left(\frac{1 - X_s - B X_s}{1 - X_s - B X_s + E X_s}\right) \tag{6-24}$$

式中　T_w——水的冻结点，℃；

　　　T_f——样品的冻结点，℃；

β——水的冻结常数，取 $1860kg \cdot K/(kg \cdot mol)$；

λ_w——水的相对分子质量；

E——水与溶质的相对分子质量比；

B——模型参数。

图 6-5（1）中，AB、CE 分别为 PV 的冻结曲线和玻璃化转变曲线，B 点为最大冷冻浓缩溶液点，PV 冻结终点温度为 $-32.67℃$，从 B 点垂直外推至玻璃化转变（D 点），即得到 PV 在最大冷冻浓缩时的玻璃化转变温度 $-77.09℃$。同理可得 PV-E 冻结终点温度为 $-39.78℃$，其在最大冷冻浓缩时的玻璃化转变温度为 $-62.23℃$。根据状态图可知，冻结终点温度至最大冷冻浓缩状态温度为最大冰晶形成带区域。由图 6-5 可得，PV 与 PV-E 的最大冰晶形成带区域分别为 $-77.09 \sim -32.67℃$ 与 $-62.23 \sim -39.78℃$。综上，添加赤藓糖醇提高了虾肉的 T'_g，缩短了最大冰晶形成带区域，因此赤藓糖醇能提高虾肉速冻及冻藏品质。

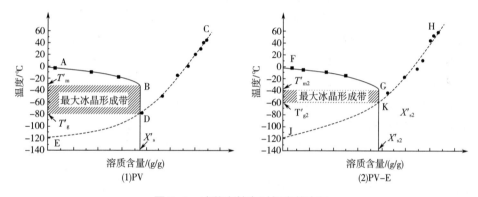

图 6-5　冷藏南美白对虾肉状态图

● 玻璃化转变温度　■ 冻结点温度　---- Gordon-Taylor方程拟合曲线　—— Clausius-Clapeyrom方程拟合曲线

第二节　食品冷冻

冷冻是当今世界上应用最广泛的工业化的食品保鲜方法之一。通常冷却是产品处于较低的温度而产生的连续变化的过程，而冷冻代表了温度与食品的稳定性和感官特性之间急剧变化的不连续点。

冷冻作为高效的食品保存方法在很大程度上是因为降低了水分活度。实际上，当食物冷冻时，水分成了两部分，一部分形成了冰晶，未冷冻的部分浓缩，这种"冷冻浓缩"的作用使水分活度降低。在水分活度降低这方面，可以将冷冻与浓缩干燥进行比较。

另一方面，"冷冻浓缩"现象可能会加速反应，引发不可逆转的变化，如蛋白质变性、脂质加速氧化和食物胶体结构（凝胶、乳液）破坏。冷冻速度对冷冻食品的质量有极大影响。例如，引起的物理变化，形成具有锋利边缘的大冰晶，冰晶导致体积膨胀，破坏细胞与其周围环境之间的渗透平衡，从而对蔬菜、水果和肉类等产品的质构造成不可逆转的损害。但是在快速冷冻的情况下可以将这种损害最小化。

一、冷冻和冷冻贮藏对产品质量的影响

对于大多数食品来说，冷冻或许是保持食品质量的最佳方法。冷冻对食物的营养价值，味道和颜色的影响较轻，但是对食品质构影响较为严重。而且，除非采取适当的措施，否则冷冻贮藏和解冻过程对产品质量的各个方面都有显著的破坏。

在植物组织中，表皮层由紧密的蜡质细胞构成。植物的代谢大部分发生在薄壁组织，它由含有纤维素细胞壁的细胞构成，果胶形成的中间层包裹着细胞壁，往往含有气泡网络。成熟的植物细胞含有淀粉粒和一定数目的细胞器，包括染色体、叶绿体、蛋白质体、大液泡、淀粉体。液泡占据成熟植物细胞的大部分空间，内部含有酚类、有机酸和水解酶，这些成分会在细胞膜冷冻破裂时释放出来。而水解酶作用于细胞壁中的半纤维素、果胶、非纤维性碳水化合物成分时，细胞内渗透压会发生消散，并使组织软化。

屠宰后的肌肉和其他动物组织在冷冻过程中会发生复杂的生化变化，进而影响食品的质构。研究表明，随着动物性食品贮藏期的延长，由肌球蛋白和肌动蛋白组成的肌原纤维会出现不可逆的聚集。尽管不会造成蛋白质营养的损失，但肉的质地会变得粗糙，并且肌肉的持水能力也会降低。因此，解冻未受处理的冷冻肉会失去相当量（2%～15%）的细胞内液体和细胞组织液，这种现象被称为"汁液损失"。如果这种汁液损失现象不被遏制，那将导致大量可溶性蛋白质、维生素和矿物质损失。汁液损失的程度受多种因素影响，包括动物年龄、动物宰前处理、食品种类、解冻速率和冷冻速率等。

普遍认为，加快冷冻速度可大幅度减少对食物细胞组织的伤害。这是由于，快速冷冻越过冷冻开始时产生的渗透不平衡状态，而且快速冷冻生成的冰晶较小，对细胞组织产生的损害较小，因此快速冷冻是设计食品冷冻工艺的实际目标。由于冻结引起的体积膨胀（冰的比容比纯水高9%）也会导致产品质构破坏，因为细胞组织含水量的分布不均匀，所以组织的一些部分比其他部分体积增长大，由此产生的机械应力导致内部裂缝产生。这种现象在含水量较高的食物中尤为明显，如黄瓜、番茄和生菜。通过添加溶质可以有效地防止这种损伤，如在速冻方法发明之前，冷冻前向水果和浆果中加入糖。

20世纪60年代，美国农业部西部研究中心（USDA-ARS）就冷冻贮藏对产品质量的影响进行了广泛的研究，对大量商品进行了化学成分和感官特性变化的测试，提出了一种称为时间温度耐受性（TTT）的概念。TTT概念揭示了冷冻食品的实用冷藏期（能使食品或原材料保持符合销售或加工质量要求的贮藏期限）与冻结时间、冻藏温度之间的关系。即冷冻食品在流通过程中的品质降低主要取决于温度。冷冻食品的冻藏温度越低，保持优良品质的时间越长，实用冷藏期也越长。然而，情况并非总是如此，化学反应速率可能会因为冷冻带来的浓缩效应而加速。例如，脂质的氧化速率可能会随着贮藏温度的降低而增加，达到最大速率后在非常低的温度下开始减小。

[例6-5] 食品冷冻贮藏时间温度耐受性（TTT）计算方法（关志强，2010）。

如图6-6所示，假设某种冷冻食品在某个贮藏温度下实用冷藏期是A，其初始品质为100%，经过时间A后其品质降低至0，那么在该温度下该食品每天的品质下降量为$B = 100/A$，根据这个关系式绘制品质保持特性曲线B，在此基础上作出TTT线图进行计算。图6-6中，横坐标表示天数，纵坐标表示各种温度下的品质降低率（用百分数表示）。将冷冻食品从生产到消费所经历的各个环节的温度时间绘制在图上，该曲线下的面积就是食品在流通过程中品质降低的总量。

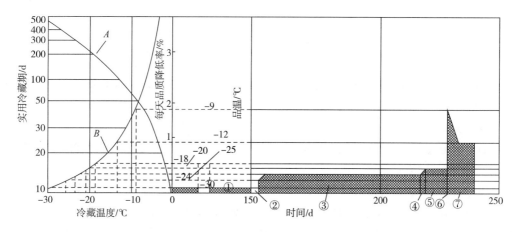

图6-6　TTT计算图

表6-11　　　　　　　　　　某冷冻食品流通过程中时间、温度经历

阶段	冷藏温度（平均）/℃	每天品质降低率/%	保管时间/d	品质降低率/%
①生产者保藏中	-30	0.23	150	33.0
②运输中	-25	0.27	2	0.5
③批发商保藏中	-24	0.28	60	17.0
④送货中	-20	0.40	1	0.4
⑤零售商保藏中	-18	0.48	14	6.8
⑥搬运中	-9	1.90	1/6	0.2
⑦消费者保藏中	-12	0.91	14	13.0
合计			241	70.9

　　图中对应的冷冻食品从生产到消费共经历了7个阶段，如表6-11所示，用TTT的计算方法，根据各温度下每天的品质降低率与此温度下所经历的天数相乘，计算出该冷冻食品各阶段的品质降低量。比如在送货过程中，冷藏温度为-20℃，对应的A值为250d，那么由品质降低率的定义可以计算出B值为0.40%（图中温度对应的B值可从纵坐标上读取）。在送货过程中保管时间为1d，B乘以保管时间，最后得到品质降低率为0.4%。表中可以看出，刚生产出来时食品的食用性为100%，从生产到消费一共经历了241d，这期间的7个阶段品质的总降低量为70.9%，说明该食品还有30%的食用性，当降低总量超过100%时说明该冷冻食品已经失去了商业价值，不可食用。

　　用TTT计算可以知道食品在流通过程中品质的变化，但由于食品腐败变质的原因是多样的，如温度波动使干耗加剧和冰晶生长、光线照射对光敏成分的影响等。因此在某些情况下实际冻藏品质降低量要比TTT计算的值要大，实际冻藏期要小于TTT值。对于大多数冷冻食品来说，品质的降低主要还是取决于流通过程之中时间、温度带来的积累影响，因此TTT理论及其计算方法适用于判断冷冻食品在流通过程中品质的变化。

二、制冷过程中的相变和冰点

图6-7代表冷却曲线，描述了从样品中除去热量时的温度变化。左图描述了纯水的冷却行为。冷却时，温度线性下降（恒定的比热），直到形成第一个冰晶，根据定义，此时的温度是纯水的"冻结温度"，即标准大气压下的0℃。凝固点是指液体的蒸汽压等于固体蒸汽压的温度。在某些条件下（没有固体颗粒和不受其他因素干扰的缓慢冷却），样品可能会发生如图6-7所示的亚稳态过冷。一些种类的蛋白质——被称为"抗冻蛋白"的蛋白质能够防止液体在冰点结晶。

图6-7（1）表示一种溶液或食品原料的冷却曲线。当样品冷却时，温度线性下降。第一个冰晶出现在温度 T'_f，这时溶液的蒸汽压等于纯水结冰蒸汽压的温度。当溶液的蒸汽压低于相同温度下纯水的蒸汽压，那么 T'_f 将低于纯水的冻结温度，即冰点降低，冰点会随着溶液的摩尔浓度增加而降低。溶液在恒定温度下没有明显的相变，但是有逐渐生成冰晶的温度区域——冷冻区，始于冰点 T'_f。

有关冰点的实验数据最早出现在1966年的文献里。在理想状态下，可以根据食物成分估算冰点，比如普通水果和蔬菜的冰点为-2.8~-0.8℃。

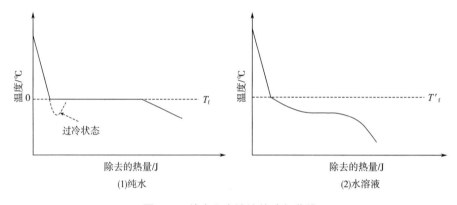

图6-7　纯水和水溶液的冷却曲线

通过移除热量，溶液中的水冷冻结晶，当未结冰部分中的溶质浓度达到一定过饱和度而以固体形式析出，这种新的固相称为"共晶"。盐溶液的理论相图如图6-8所示。

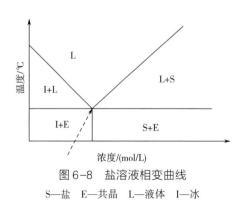

图6-8　盐溶液相变曲线

S—盐　E—共晶　L—液体　I—冰

在糖溶液和大多数食品原料中，实际上不可能达到共晶点，因为非冷冻浓缩溶液中水的玻璃化转变发生在共晶点之前。这时玻璃态固体中的水分子运动变得非常缓慢使得结晶水的进一步结晶几乎变得不可能。

三、冷冻动力学与冷冻时间

本章前半部分内容有提到过冷冻速度对冷冻食品的品质有显著影响。此外，冷冻时间决定了经济成本，其取决于冷冻设备的效率。因此，对于影响冷冻时间的因素的分析是有意义的。

如图6-9所示，某平面上现有厚度为 z（单位 m）的无限大平板状液体，通过冷空气来冷却。我们可以假设液体最初处于其冰点；冻结过程中，液体的初始冻结温度保持不变；导热系数等于冻结时的导热系数；只计算液体的相变潜热，忽略冻结前后放出的显热；冷空气与液体表面的对流表面传热系数不变；液体的几何形状是简单的，规则的（平板状、圆柱状及球状）。

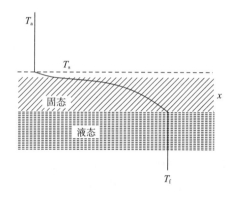

图6-9 冷冻温度曲线

液体与冷空气接触的一侧开始冻结，经一段时间 t 后，冻结层厚度达到 x（单位 m），冻结相和非冻结相的边界位于距食品表面 x 处（图6-9）。在 dt 时间间隔内，相变边界又向前移动了 dx 的距离，液体形成冰产生热量释放的速率为：

$$q = A\rho\lambda\frac{dx}{dt} \tag{6-25}$$

式中 q——热移除速率，W；

A——为热传导面积，m^2；

ρ——液体密度，kg/m^3；

λ——液体的冷冻潜热，J/kg；

x——冷冻相的厚度，m。

液体形成冰产生的热量通过 x（单位 m）厚的冻结层在液体表面以对流换热的方式传给冷却介质（实例是冷空气）。根据假设，对流表面传热系数为常数，热量传输速率可表示为：

$$q = A\frac{1}{\frac{1}{h} + \frac{x}{k}}(T_f - T_a) \tag{6-26}$$

式中 q——热传导速率，W；

A——为热传导面积，m^2；

x——冷冻相的厚度，m；

h——空气-冰界面对流传热系数，W/（$m^2 \cdot K$）；

k——冷冻相的导热系数，W/（$m \cdot K$）；

T_a——冷却介质温度（实例是冷空气），℃；

T_f——冷冻温度，℃。

因为从液体的冷冻界面到冷空气这部分的热传递速率等于由于形成冰而产生热量释放的速率。合并式（6-25）和式（6-26）并在 0~z 间积分，得到了冷冻 z 厚度液体所需时间的表达公式：

$$t = \frac{\rho\lambda}{T_f - T_a}\left(\frac{z}{h} + \frac{z^2}{2k}\right) \tag{6-27}$$

式（6-28）被称为普朗克方程（Plank Equation），最初由 R Z. Plank 于 1913 年提出。对于其他几何形状的食品，引入两个形状系数 Q、P，用类似方法可分别获得冻结时间，其普朗克方程以式（6-28）的一般形式给出：

$$t = \frac{\rho\lambda}{T_f - T_a}\left(\frac{Qd}{h} + \frac{Pd^2}{k}\right) \tag{6-28}$$

对于厚度为 d 的平板，从两侧冻结：$Q = 1/2$，$P = 1/8$

对于直径为 d 的无限圆柱：$Q = 1/4$，$P = 1/16$

对于直径为 d 的球体：$Q = 1/6$，$P = 1/24$

对于方形或长方形的食品，在使用上述公式时，设三个边长分别为 a、b、c，且 $a>b>c$，则定义特征尺寸 $d=c$，另定义两个比例值 $\gamma_1 = b/c$ 和 $\gamma_2 = a/c$。

根据 γ_1 和 γ_2 值，从图 6-10 查得形状系数 P、Q 的值，即可用公式求出方块形食品的冻结时间。

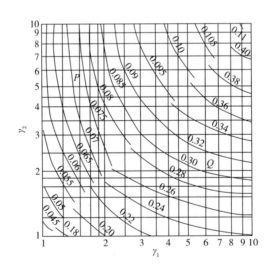

图 6-10 块状食品的 P 值和 Q 值

由于某些假设与实际情况有偏差，普朗克方程求得的只是近似值。首先，实际上冷冻潜热并不是唯一交换能量的形式，还有一些显热效应，例如冰的进一步冷却，将常温材料的温度降低到冰点。在实践中，由此假设产生的误差并不大，因为潜热效应远远超过显热效应。其次，食品中没有确切的冰点，因此 T_f 是一个平均值。最后，λ 指的是食物冷冻的潜热而不是纯水的，如果食物中水的质量分数为 w 并且纯水的冷冻潜热为 λ_0，那么 λ 可以写成等式 $\lambda = w\lambda_0$，但这也是近似值，因为并非所有的水都是可冻结的。此外，如果食物中含有脂肪在冷冻过程中会发生固化，则在计算 λ 时应考虑凝固焓。

有文献中已经提出了更精确的计算冷冻时间的方法，尽管存在缺陷，但普朗克方程在工艺设计和工艺条件对冷冻时间影响的描述方面具有重要价值。以下是使用普朗克公式的一些经验：

①冷冻时间与总温差 $T_f - T_a$ 成反比。

②冷冻时间随着食物含水量的增加而增加。

③冻结时间与两个参数项的总和成正比：与 d 大小成比例的对流项和与 d_2 成比例的传导项。当冷冻较大的物品，如牛胴体、整只鸡或蛋糕时，传导项（内部传热阻力）成为主要因素，对流项变得不太重要，即使增加对流速率对于导热来说不会产生影响。另一方面，当冷冻小颗粒时，相对于体积较大的物品，对流项是重要的，且提高将表面的对流热传递（例如，增加湍流）导致快速冷冻。

[例 6-6] 鱼片冷冻的动力学研究。

现有一块厚度为 5cm 的鱼片置于制冷板中冷冻（通过鱼片两侧与制冷表面接触冷冻）。假设鱼块和制冷板表面之间完全接触且显热效应和热量损失被忽略。表 6-12 为给出的条件，求解下述两个问题。

（1）计算鱼片完全冻结所需时间。

（2）如果用鱼块置于一定厚度的纸箱中，冻结所需时间会是多少？其中，纸箱的厚度为 1.2mm，导热系数为 0.08W/(m·K)。

表 6-12   鱼片冷冻条件

条件	数值
制冷板温度（恒定）	-28℃
平均冷冻温度	-5℃
鱼片密度	1100kg/m³
鱼片含水量	70%（质量分数）
冷冻鱼片的导热系数	1.7W/(m·K)
水的冷冻潜热	334kJ/kg

解：对于问题（1）：

应用普朗克方程 [式（6-29）]，根据冷冻条件，式中 $Q = 1/2$，$P = 1/8$（从两侧冷却）。因为表面接触是理想的，因此对流传热系数 h 是无限的。方程代入数值得到结果如下：

$$t = \frac{1100 \times 334000 \times 0.7}{-5 - (-28)}\left(\frac{0.05^2}{8 \times 1.7}\right) = 2055(\text{s}) = 0.57(\text{h})$$

在上述条件下，未经包装的鱼片的冷冻时间为 0.57h。

对于问题（2）：

鱼片与制冷板之间表面传热阻力等于厚度为 z 纸箱的热阻：

$$\frac{1}{h} = \frac{z}{k} = \frac{1.2 \times 10^{-3}}{0.08} = 0.015 \rightarrow h = 66.7$$

$$t = \frac{1100 \times 334000 \times 0.7}{-5 - (28)}\left(\frac{0.05}{2 \times 66.7} + \frac{0.05^2}{8 \times 1.7}\right) = 6246(\text{s}) = 1.73(\text{h})$$

最终得到经纸箱包装的鱼片的冷冻时间为1.73h。

[例6-7]　带式冷冻机中蓝莓冷冻时间的计算。

蓝莓含有丰富的营养成分及功能活性物质，营养价值和食用价值很高，但由于蓝莓含水量高，不耐储且易破碎，在贮藏和运输中也会发生各种物理、化学和生物性变化，冷冻保鲜是浆果类果实保鲜的趋势，蓝莓冷冻后不会出现果实破裂、变色等现象，因此更适合进行冷冻保鲜。而冷冻时间对蓝莓的感官、硬度和脆性影响很大，因此需要合理控制冷冻时间，本例介绍一种冷冻时间计算方法。

在冷冻空气温度为-35℃的带式冷冻机中进行蓝莓冷冻，蓝莓直径为0.8cm，从15℃的初始温度冷冻至最终温度-20℃。含有10%可溶性固形物、1%不溶性固形物和89%水。使用Choi & Okos方程确定导热系数，常 & 陶（Chang & Tao）方程确定冰点和低于冰点的焓变，Seibel方程确定冰点以上和以下的比热。蓝莓的密度冷冻前为1070kg/m³，冷冻后为1050kg/m³。冷冻空气对流传热系数为120W/(m²·K)；蓝莓的导热系数为2.067W/(m·K)。

解：Chang & Tao（1981）提出了一个数学模型，该模型要求食品的水分含量（质量分数）在73%~94%范围内，并假定所有的水在227K时冻结，则T温度下的焓H可由式（6-29）计算：

$$H = H_f[aT_r + (1 - a)T_r^b] \tag{6-29}$$

$$H_f = 9792.46 + 405096X \tag{6-30}$$

$$T_r = \frac{T - 227.6}{T_f - 227.6} \tag{6-31}$$

式中　H_f——冰点的焓，J/m³；

　　　T_r——温度降；

　a、b——经验参数；

　　　T_f——冰点温度，K；

　　　T——待测焓时的温度，K；

　　　X——食物中水分质量分数。

对果蔬冰点温度及经验系数a、b由下式求解：

$$T_f = 287.56 - 49.19X + 37.07X^2 \tag{6-32}$$

$$a = 0.362 + 0.0498(X - 0.73) - 3.465(X - 0.73)^2 \tag{6-33}$$

$$b = 27.2 - 129.04(a - 0.23) - 481.46(a - 0.23)^2 = 19.3196 \tag{6-34}$$

由题意得：$X = 0.89$，代入上式可得：

$$H_f = 9792.46 + 405096 \times 0.89 = 370327.9(\text{J/kg})$$

$$T_f = 287.56 - 49.19 \times 0.89 + 37.07 \times 0.89^2 = 273(\text{K})$$

$$a = 0.362 + 0.0498 \times (0.89 - 0.73) - 3.465 \times (0.89 - 0.73)^2 = 0.281$$

$$b = 27.2 - 129.04 \times (0.28 - 0.23) - 481.46 \times (0.28 - 0.23)^2 = 19.3196$$

由于冷冻后温度为-20℃，即$T = 20℃ = 253$K，则有：

$$T_r = \frac{T - 227.6}{T_f - 227.6} = \frac{253 - 227.6}{273 - 227.6} = 0.559$$

$$H = H_f [0.281 \times 0.559 + (1 - 0.281) \times 0.559^{19.3196}] = 0.1571 H_f$$

由此可求出从冰点温度到-20℃的焓变 ΔH：

$$\Delta H = H_f(1 - 0.1571) = 3.121 \times 10^5 \text{J/kg}$$

$$= 3.121 \times 10^5 \text{J/kg} \cdot 1070 \text{kg/m}^3 = 3.340 \times 10^8 (\text{J/m}^3)$$

根据普朗克方程［式（6-28）］求解冷冻时间，但由于本题中冷冻过程要求进行到-20℃，并非水完全冻结时的临界点，故对普朗克方程［式（6-28）］进行如下变形：

$$t_f = \frac{\Delta H}{(T_f - T_a) \cdot EHTD}\left(\frac{Qd}{h} + \frac{Pd^2}{k}\right) \tag{6-35}$$

式中　$EHTD$——等效传热维数，在 1~3 之间。

由题意得：$d = 0.008$m；$EHTD = 3$；$Q = 1/6$；$P = 1/24$；$k = 2.067$W/(m·K)；$h = 120$W/(m²·K)
代入式（6-35）可得：

$$t_f = \frac{3.340 \times 10^8}{[0 - (-35)] \times 3}\left[0.1667 \times \frac{0.008}{120} + 0.0417 \times \frac{0.008^2}{2.067}\right] = 394.458(\text{s})$$

本例主要通过计算冷冻空气温度为-35℃的带式冷冻机中蓝莓的冷冻时间来介绍 Chang & Tao 方程在实际生产中的应用，确定食品所需冷冻时间。

第三节　本章结语

食品冷冻冷藏是目前食品保藏的重要技术之一，不仅能够降低绝大多数生化反应的速度，减少营养损失，而且还具有高度的安全性。但是即使食品得到充分冷冻，贮藏过程中发生的物理化学和生物化学变化仍会导致产品品质下降。冷冻冷藏食品的品质很大程度取决于贮藏温度，因此从生产到消费的整个冷链中需要持续系统的调控来维持所需温度，这便体现了过程调控在食品冷冻冷藏技术上的重要性。近年来新型制冷技术的进展也主要体现在对过程调控的改善，人们采取一系列措施来控制食品在冷冻冷藏条件下品质下降的主要原因，从而保持食品的良好品质。

参 考 文 献

［1］Andevari G T, Rezaei M. Effect of gelatin coating incorporated with cinnamon oil on the quality of fresh rainbow trout in cold storage ［J］. International Journal of Food Science & Technology, 2011, 46 (11): 2305-2311.

［2］Bahmani Z A, Rezai M, Hosseini S V, et al. Chilled storage of golden gray mullet (*Liza aurata*) ［J］. LWT - Food Science and Technology, 2011, 44 (9): 1900.

［3］Boekel M. Statistical aspects of kinetic modeling for food science problems ［J］. Journal of Food Science, 1996, 61 (3): 477-486.

［4］Chen G, Campanella O H, Barbosa-Canovas G V. Estimating microbial survival parameters under high hydrostatic pressure ［J］. Food Research International, 2012, 46 (1): 320.

［5］关志强. 食品冷冻冷藏原理与技术 ［M］. 北京：化学工业出版社，2010.

［6］Chytiri S, Chouliara I, Savvaidis I N, et al. Microbiological, chemical and sensory assessment of iced whole and filleted aquacultured rainbow trout ［J］. Food Microbiology, 2004, 21 (2): 157-165.

［7］Corradini M G, Peleg M. A model of non-isothermal degradation of nutrients, pigments and enzymes ［J］. Journal of the Science of Food & Agriculture, 2004, 84 (3): 217-226.

［8］赵亚，张平平，王淑敏，等. 赤藓糖醇对南美白对虾肉玻璃化转变温度与状态图的影响 ［J］. 食品工业科技，2016, 37 (20).

［9］Dondero M, Cisternas F, Carvajal L, et al. Changes in quality of vacuum-packed cold-smoked salmon (*Salmo salar*) as a function of storage temperature ［J］. Food Chemistry, 2004, 87 (4): 543-550.

［10］关志强. 食品冷藏与制冷技术 ［M］. 郑州：郑州大学出版社，2011.

［11］García Breijo E, Barat Baviera J M, Torres O, et al. Development of a puncture electronic device for electrical conductivity measurements throughout meat salting ［J］. Sensors & Actuators A Physical, 2008, 148 (1): 63-67.

［12］Giménez B, Roncalés P, Beltrán J A. Modified atmosphere packaging of filleted rainbow trout ［J］. Journal of the Science of Food & Agriculture, 2002, 82 (10): 1154-1159.

［13］戚以政，汪叔雄. 生化反应动力学与反应器 ［M］.2 版. 北京：化学工业出版社，1999.

［14］Hong H, Luo Y, Zhu S, et al. Establishment of quality predictive models for bighead carp (*Aristichthys nobilis*) fillets during storage at different temperatures ［J］. International Journal of Food Science & Technology, 2012, 47 (3): 488-494.

［15］Jimenez N, Bohuon P, Dornier M, et al. Effect of water activity on anthocyanin degradation and browning kinetics at high temperatures (100-140℃) ［J］. Food Research International, 2012, 47 (1): 106-115.

［16］Kaymak-Ertekin F, Gedik A. Kinetic modelling of quality deterioration in onions during drying and storage ［J］. Journal of Food Engineering, 2005, 68 (4): 443-453.

［17］Chi Tao L, Yu Yong Z, Zhi Ying J, et al. Comparitive studies on measurable characters and the number of scales in Songpu mirror carp and German mirror carp selection strain ［J］. Chinese Journal of Fisheries, 2009 (22): 53-61.

［18］Litwin'czuk A, Florek M, Skaecki P & Litwin'czuk Z. Chemical composition and physicochemical properties of horse meat from the longissimus lumborum and semitendinosus muscle ［J］. Journal of Muscle Foods, 2008, 19: 223-236.

［19］Nourian F, Ramaswamy H S, Kushalappa A C. Kinetic changes in cooking quality of potatoes stored at different temperatures ［J］. Journal of Food Engineering, 2003, 60 (3): 257-266.

［20］Ocano-Higuera, V M., Maeda-Martı' nez, A N., Marquez-Rı' os, E. et al. Freshness assessment of ray fish stored in ice by biochemical, chemical and physical methods ［J］. Food Chemistry, 2011, 125 (1): 49-54.

［21］Ojagh S M, Rezaei M, Razavi S H, et al. Effect of chitosan coatings enriched with cinnamon oil on the quality of refrigerated rainbow trout ［J］. Food Chemistry, 2010, 120 (1): 193-198.

［22］Peleg M, Engel R, Gonzalez Martinez C & Corradini M G. Non-Arrhenius and non-WLF kinetics in food systems ［J］. Journal of the Science of Food & Agriculture, 2002, 82 (12): 1346-1355.

［23］Ratkowsky D A, Alley J, Mcmeekin T A, et al. Relationship Between Temperature and Growth Rate of Bacterial Cultures ［J］. Journal of Bacteriology, 1982, 154 (1): 1222-1226.

［24］于学军，张国治. 冷冻、冷藏食品的贮藏与运输 ［M］. 北京：化学工业出版社，2007.

［25］Song Y, Liu L, Shen H., You J. & Luo Y. Effect of sodium alginate-based edible coating containing different anti-oxidants on quality and shelf life of refrigerated bream (*Megalobrama amblycephala*) ［J］. Food Control, 2011 (22): 608-615.

［26］Tan C P, Che Man, Y B, et al. Application of Arrhenius kinetics to evaluate oxidative stability in vegetable oils by isothermal differential scanning calorimetry ［J］. Journal of the American Oil Chemists' Society, 2001 (78): 1133-1138.

［27］Boekel. Kinetic modeling of food quality: a critical review ［J］. Comprehensive Reviews in Food Science & Food Safety, 2010, 7 (1): 144-158.

［28］Yao L, Luo Y, Sun Y, et al. Establishment of kinetic models based on electrical conductivity and freshness indictors for the forecasting of crucian carp (*Carassius carassius*) freshness ［J］. Journal of Food Engineering, 2011, 107 (2): 147-151.

［29］Evans J A. 冷冻食品科学与技术 ［M］. 北京：中国轻工业出版社，2010.

［30］M Sautour, C Soares Mansur, et al. Comparison of the effects of temperature and water activity on growth rate of food spoilage moulds ［J］. Journal of Industrial Microbiology and Biotechnology, 2002, 28 (6): 311-315.

传质与包装

质量传递（Mass Transfer）与动量传递、热量传递并称"三传过程"，也是自然界和工程技术领域普遍存在的现象。例如，向碳酸饮料中充入 CO_2、利用吸附原理对植物油进行脱色、利用结晶原理制造蔗糖或盐、利用蒸馏原理酿酒等都是常见的传质过程。由于物质的传递过程大多是借扩散过程（即分子扩散和涡流扩散）进行的，所以质量传递过程又称扩散过程。

传质过程可以发生于单相中，也可以在相际之间进行，其起因是系统内存在如浓度、温度、压力、外加磁场等导致的化学势的差异。传质是均相混合物分离的物理基础，也是反应过程中几种反应物互相接触及反应产物分离的基本依据。在食品工业的发展中，传质分离过程起到了特别重要的作用。在食品工业中所涉及的原料及产物的分离提纯、杂质去除、有效成分提取、不同成分的混合等都属于传质过程。

食品加工过程中处处存在传质。例如，在食物的腌渍过程中，食物表面的盐分或糖分不断渗入食物内部，而食物内部的水分不断蒸发；在食品的干燥过程中，外加驱动力如热、空气流动等加速食品表面水分蒸发以及食品内部水分转移；在香精的萃取过程中，风味物质不断从食物中扩散到萃取剂中等。这些都是食品加工过程中的传质过程。在食品加工过程中，可以利用传质调节化学反应速率以确保效益、控制食物中香味及色泽以维持稳定的食品品质、控制包装食品的保质期、控制食物的质地和物理特性（如防止巧克力表面"白霜"的出现）等方面，另外也可以用于探究体内物质传递过程如营养成分的吸收途径、物质的代谢途径等。

食品包装通过阻隔包装内外水和汽的传递，以达到保护食品安全和货架期期间品质的目的，所以传质过程在食品加工和包装研究中十分重要。

第一节　传质基本概念

传质（Mass Transfer）是体系中由于物质浓度不均而发生的质量传递过程，其基本方式分为分子扩散（Molecular Diffusion）和涡流扩散（Eddy Diffusion）两类。传质过程中因物系浓度不均，而依靠微观分子运动产生传质的现象称为分子扩散，如布朗运动；而在流动着的流体中，不同浓度的质点依靠宏观运动相对碰撞混合导致浓度趋向于均匀的传质过程称为涡流扩散或湍流扩散。食品加工传质单元操作多发生在流体湍流的情况下，此时的湍流主体与相界面之间的分子扩散与涡流扩散两种传质作用的总和即为对流传质（Convective Mass Transfer），即指壁面与运动流体之间，或两个有限互溶的运动流体之间的质量传递。

所有传输现象（流体流动、传热和传质、电流输送等）都是由于系统各部分缺乏平衡所导致的，其传递速率遵守类似于欧姆定律的普遍规律，即在传输介质中，传递速率（即单位时间内传递量）与驱动力成正比，与阻力成反比。如在气相、液相中，传质速率在气相中与蒸汽分压差、在液相中与浓度差的关系分别为式（7-1）和式（7-2）：

$$N_A = k_G(p_A - p_{A,i}) = \frac{p_A - p_{A,i}}{\frac{1}{k_G}} = \frac{F}{R} \tag{7-1}$$

$$N_A = k_L(C_{A,i} - C_A) = \frac{C_{A,i} - C_A}{\frac{1}{k_L}} = \frac{F}{R} \tag{7-2}$$

式中　N_A——传质速率，$kg/(m^2 \cdot s)$；

k_G——以气相分压差（$p_A - p_{A,i}$）表示推动力的气相总传质系数，$kg/(m^2 \cdot s \cdot kPa)$；

k_L——以液相浓度差（$C_{A,i} - C_A$）表示推动力的液相总传质系数，m/s；

F——气相、液相中传质推动力；

R——气相、液相中传质阻力。

在传质过程中，由于浓度不均才发生了质量传递，F 所代表的推动力即为系统中存在的浓度梯度。从逻辑上讲，传质速率也与传质面积 A 成反比，因此也常用单位面积传质速率这个概念，称为扩散通量，用符号 J 表示，单位为 $kg/(m^2 \cdot s)$。故在稳态传质中扩散通量即传质速率，是单向扩散及等摩尔反向扩散等传质理论的重要基础。

传质过程还包括传质分离，传质分离过程可以分为平衡分离和速率分离两大类。平衡分离过程是借助分离媒介使均相混合物系统变为两相体系，再以混合物中各组分在处于平衡的两相中分配关系的差异为依据实现分离，可以分为气液传质过程、液液传质过程、液固传质过程、气液传质过程、气固传质过程等。速率分离过程主要以浓度差、压力差、电位差等作为推动力，在选择性透过膜的配合下，利用各组分扩散速度差异实现混合物分离操作。

第二节　分子扩散系数

传质过程中因物系浓度不均，而依靠微观分子运动产生传质的现象称为分子扩散。在除浓度外的如温度、压力等参数都相同的系统中，物质各自沿其浓度降低的方向传递，其传递过程直至整个系统中各物质的浓度完全均匀为止，此时，通过任一截面物质的净扩散通量为零，但扩散仍在进行中，只是左、右两方向物质的扩散通量相等，系统处于扩散的动态平衡中。

物质的扩散系数（Diffusion Coefficient）是物质的物性常数之一，表示物质在介质中的扩散能力。扩散系数随介质的种类、温度、浓度及压强的不同而不同。借助气体动力学理论，气体中的扩散率可以很精确地预测出来。在常温常压下，气体中两种混合物的扩散系数为 $10^{-5} \sim 10^{-4} \text{m}^2/\text{s}$。

液体中的扩散率可以借助一些模型来进行探讨。其中最知名的模型是斯托克斯-爱因斯坦方程（Stokes-Einstein Equation）中的布朗扩散，在这个模型中，在黏度为 μ 的液体中，分子半径为 r 的溶质分子（假设为球形）的扩散系数 D 可以表示为：

$$D = \frac{kT}{f} = \frac{kT}{6\pi r\mu} \tag{7-3a}$$

式中　k——玻尔兹曼常数，$1.38 \times 10^{-23} \text{J/K}$；

　　　　r——粒子的半径，m；

　　　　T——绝对温度，K；

　　　　f——摩擦系数，与液体黏度和扩散质分子尺寸有关，$f = 6\pi r\mu$。

式（7-3a）适用于低浓度的球形大分子溶质和小颗粒；对于生物溶质，Stokes-Einstein 方程仅适用于分子质量小于 1000μ 或者摩尔体积小于 $0.5\text{m}^3/\text{mol}$ 的生物分子。对于分子质量更大的生物大分子，其扩散系数可以用半经验公式波尔森（Polson）方程［式（7-3b）］来获得。在室温下溶质在水中扩散系数在 $10^{-11} \sim 10^{-9}\text{m}^2/\text{s}$。在许多情况下，粒子都不是球形的，分子的形状比球体更为复杂，还会包括来自诸如水合因素的影响，这意味着扩散过程还可提供分子间相互作用以及分子形状等信息，所以该模型用于扩散系数的定量预测仍存在一定问题，但该模型对于如黏度和分子大小对扩散系数的影响等方面具有指导性意义。

$$D = \frac{9.40 \times 10^{-15}}{\mu (M_A)^{1/3}} T \tag{7-3b}$$

式中　M_A——生物大分子的分子质量，u。

物质在固体中扩散极其缓慢，如在晶体和金属中，分子传递主要是通过晶格中的缺陷（孔洞），通过单跳过程进行的。固体玻璃中小离子的扩散系数可低至 $10^{-25}\text{m}^2/\text{s}$，而在多孔固体中，传质大多是通过气体进行的。

一、费克第一定律

费克第一定律（Fick's First Law）是实验定律，描述了分子扩散传质速率规律，即在恒定的温度和压力下，均相混合物中，组分的扩散通量 J（在单位时间内通过单位面积传递的物质的质量）与浓度梯度成正比：

$$J = -D\frac{\text{d}C}{\text{d}x} \tag{7-4}$$

式中　J——组分在 x 方向上的扩散通量，$\text{kg}/(\text{m}^2 \cdot \text{s})$；

　　　　D——组分在介质中的扩散系数，m^2/s；

　　　　C——组分的质量浓度，kg/m^3；

　　　　x——物质传递通过的距离，m。

扩散系数前的负号表示物质沿浓度降低的方向传递。

对于均相二元物系，由 A、B 两组分组成，对 A 组分：

$$J_A = -D_{AB}\frac{\text{d}C_A}{\text{d}x} \tag{7-5}$$

同理，对 B 组分：

$$J_B = - D_{BA} \frac{dC_B}{dx} \tag{7-6}$$

式中　D_{AB}，D_{BA}——A、B 组分分别在 A、B 两组分混合物中的扩散系数。

当扩散为气相或是两组分性质相似的液相时，$D_{AB} = D_{BA}$，故以后用 D 表示双组分物系的扩散系数。

二、稳 态 传 质

在稳态下，定义关于系统"状态"的所有性质（温度、压力、浓度等）都随时间保持不变。在处于稳态的系统中，浓度仅仅取决于位置（x），因此可将式（7-4）改写为常微分方程：

$$\frac{dm_A}{A dt} = J_A = - D \frac{dC_A}{dx} \tag{7-7}$$

式（7-7）的边界条件为：当 $x = x_1$ 时，$T = T_1$，$C = C_1$。

假设扩散速率与浓度无关，积分可以得到

$$\dot{m}_A = \frac{m_A}{t} = D \frac{A(C_{A2} - C_{A1})}{x} \tag{7-8}$$

式中　A——传质面积，m^2；

$\dot{m}$——质量流率，kg/s。

稳态传质的一个典型例子，如水蒸气或氧气透过食品包装袋后与食品相接触过程的包装材料阻隔性问题。如图 7-1，将薄膜的厚度设为 z，设 p_1 和 p_2 分别为薄膜两侧气体组分 A 的分压。假设 $p_1 > p_2$，则由于膜两侧分压不同，使得组分 A 穿透薄膜，则将组分 A 穿透薄膜的过程可分为三个阶段：

①A 在薄膜材料平面 1 上的吸附（即溶解）；

②A 通过浓度梯度从平面 1 到平面 2 的分子扩散；

③A 从平面 2 上解吸附。

假设薄膜材料中组分 A 的平衡浓度 C^* 与其分压成正比［亨利定律（Herry's Law）］，则平衡浓度 C^* 与分压 p 之间的关系可表述成：

$$C^* = sp \tag{7-9}$$

式中　s——气体 G 在薄膜材料中的溶解度系数。

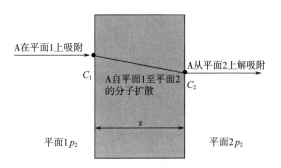

图 7-1　气体透过膜时的稳态传质

根据式（7-7）可以得到稳态时的传质变化：

$$J_A = D \frac{(C_1 - C_2)}{z} \tag{7-10}$$

以分压差的形式表示浓度：

$$J_A = Ds \frac{(p_1 - p_2)}{z} = \Pi \frac{(p_1 - p_2)}{z} \tag{7-11}$$

$D \times s$（扩散溶解度）即渗透率（Permeability）Π，包装材料对于不同气体的渗透率是其重要特性，它的单位是 kg/(m·s·Pa)，但其通常根据实际单位表示。

[例 7-1] 叶面水分蒸发速率。

水从叶子表面蒸发，并扩散到静止的空气层。总压为 101.325kPa，温度为 24℃，计算以下条件下水的蒸发速率：叶片表面水分活度 A_w 为 0.90；离叶片表面 5mm 处空气中的水蒸气分压为 2.1kPa；叶片表面积为 50cm²，水蒸气在空气中的扩散系数为 $2.6 \times 10^{-5} m^2/s$。

解题思路：

步骤 1：绘制叶片表面示意图，表示出叶片表面和距离叶片表面 5mm 处的水汽分压。叶片表面水汽浓度是多少？

步骤 2：距离 5mm 处的水蒸气浓度；

步骤 3：假设稳态，写出扩散引起的质量通量方程；

步骤 4：计算蒸发速率（特别是要记住单位）。

解：假设处于稳态的情况下，环境温度为 24℃ 时饱和水蒸气压强为 2.98kPa ≈ 3kPa，故：

已知： 叶面水蒸气分压 $p_1 = A_w \times$ 水蒸气压强 $= 0.9 \times 3000 = 2700(Pa)$

则： $p_2 = 2100Pa$，$D = 2.6 \times 10^{-5} m^2/s$，$A = 50cm^2 = 5 \times 10^{-3} m^2$

$$\Delta p = p_1 - p_2 = 2700 - 2100 = 600(Pa)$$

$$\frac{\dot{m}}{A} = \frac{D \Delta C}{\Delta z} = \frac{2.6 \times 10^{-5} m^2/s \times \Delta C}{5 \times 10^{-3} m}$$

$$\frac{\dot{m}}{50 \times 10^{-4} m^2} = \frac{D \Delta C}{\Delta z} = \frac{2.6 \times 10^{-5} m^2/s}{5 \times 10^{-3} m} \times \frac{\Delta P}{RT}$$

$$\dot{m} = \frac{2.6 \times 10^{-5} m^2/s}{5 \times 10^{-3} m} \times \frac{600Pa}{8.314 \times 297K} \times 50 \times 10^{-4} m^2$$

$$\dot{m} = 6.317 \times 10^{-6} m^3 \cdot Pa/(s \cdot K)$$

通过上述例题可以得知，在计算时假设稳态过程并据此设计质量通量方程是十分重要的；另外因为在实际过程中通量的单位不是一致的，所以在计算过程中尽量带单位计算。

第三节　对流传质

分子扩散只有在固体、静止或层流流动的流体内才会单独发生。在湍流流体中，由于存在大大小小的旋涡运动，而引起各部位流体间的剧烈混合。在流动着的流体中，不同浓度的质点依靠宏观运动相对碰撞混合导致浓度趋向于均匀地传质过程称为湍流扩散。显然，在湍流流体中，虽然有强烈的涡流扩散，分子扩散也是时刻存在的，但涡流扩散的通量远大于分子扩散的通量，一般可忽略分子扩散的影响。

对涡流扩散，其扩散通量的表达式为将上述式（7-5）中扩散系数 D 替换为涡流扩散系数 D_e。其中，分子扩散系数 D 是物质的物理性质，它仅与温度、压强及组成等因素有关。而涡流扩散系数 D_e 与涡流黏度一样，与流体的性质无关，而与湍流的强度、流道中的位置、壁面粗糙度等因素有关，因此涡流扩散系数较难确定。

在一个系统中，传质过程几乎总是与介质的整体运动同时发生。对流一般可以分为自然对流和强制对流。自然对流是由于热量或质量传递本身引起的，而强制对流是由独立于传递的因素引起的。

一、对流传质系数

对流传质是指壁面与运动流体之间，或两个有限互溶的运动流体之间的质量传递。传质单元操作多发生在流体湍流的情况下，此时的对流传质就是湍流主体与相界面之间的涡流扩散与分子扩散两种传质作用的总和。

描述对流传质的基本方程与描述对流传热的基本方程及牛顿冷却定律类似，可采用下式表述：

$$N_A = k_m \Delta C_A \text{ 或 } k_m = \frac{\dot{m}}{A\Delta C_A} \tag{7-12}$$

式中　N_A——对流传质的通量，$kg/(m^2 \cdot s)$；

　　　$\dot{m}$——质量流率，kg/s；

　　　ΔC_A——组分 A 在界面处的浓度与流体主体浓度之差，kg/m^3；

　　　k_m——对流传质系数，m/s；

　　　A——对流传质界面面积，m^2。

在传质计算中可将变量无因次化，得出如下无因次数群：

$$\text{谢伍德（Sherwood）准数 } Sh = \frac{k_m d}{D} \tag{7-13}$$

$$\text{施密特（Schmidt）准数 } Sc = \frac{\mu}{D\rho} \tag{7-14}$$

$$\text{雷诺（Reynold）准数 } Re = \frac{\rho v d}{\mu} \tag{7-15}$$

例如，当气体或液体在降膜式吸收器内做湍流流动，$Re>2100$，$Sc = 0.6 \sim 3000$ 时，实验获得的结果为：

$Sh = 0.023Re^{0.83}Sc^{1/3}$，与圆管内对流给热的关联式 $Nu = 0.023Re^{0.83}Pr^{0.3 \sim 0.4}$ 相比较，不难看出传热与传质之间的类似性。

[例 7-2] 不同食物在油炸时的传质过程（Afsaneh Safari，2018）。

油炸是食品加工的主要方法之一，在加工过程中热量和质量的传递是同时进行的。对流传热系数 h 和传质系数 k_m 直接影响油炸食品的质量和安全，因此在优化和控制过程中得到了广泛的关注。在油炸时，由于油的高温，产品在浸入后表面水分立即开始蒸发，由此产生的水分梯度导致水通过扩散从食品中心转移到表面。随后，油由食品表面向食品内部扩散。对流转移水分的速率很大程度上取决于传质系数 k_m。

根据传热系数与传质系数的类比可知,随着时间的推移,两曲线的变化趋势相同,各影响传热系数的因素也会影响传质系数。因此,随着水分流失和由此产生的湍流,传质系数增加到最大值。然后,由于水分梯度随着时间的推移而减小,从而导致传质系数的降低,在过程结束时呈现下降趋势。在此基础上,提出了一些相关系数的关系式。例如,路易斯(Lewis)关系的正相关表述如下:

$$k_m = \frac{h}{\rho_o C_{Po}} \tag{7-16}$$

式中　h——传热系数,$W/(m^2 \cdot K)$;

　　　ρ_o——油的密度,kg/m^3;

　　　C_{Po}——油的比热容,$J/(kg \cdot K)$。

在该案例中,传质系数 k_m 随传热系数 h 的增大而增大。然而,有些油炸过程中传热系数和传质系数的趋势是不同的,传热系数呈现出急剧上升的趋势,而传质系数则是逐渐上升的,并且在不同的时间达到了最大值。但是,可以建立两系数最大值之间的相关性:

$$k_{m(max)} = -8 \times 10^{-11} h_{max}^2 + 1 \times 10^{-7} h_{max} - 5 \times 10^{-5} R^2 = 0.83$$

最大传热系数(Maximum Heat Transfer Coefficient,h_{max})也与同时间相应的传质系数[Corresponding Mass Transfer Coefficient,$k_{m(corr.)}$]有关。

$$k_{m(corr.)} = -9 \times 10^{-11} h_{max}^2 + 2 \times 10^{-7} h_{max} - 6 \times 10^{-5} R^2 = 0.91$$

这些相关性已经建立,并可用于水分活度 $A_w = 0.45 \sim 0.75$、温度为 $20 \sim 180℃$ 的甘薯及类似产品的油炸过程。

研究还发现,油炸传质系数还会受到温度及食物中不同组分添加量的影响。两种米果制作的温度范围为 $150 \sim 190℃$,当温度升高时,传质系数随温度升高呈线性增加。此外,添加鱼粉的米果传质系数较低。

不同食物在油炸过程中的传质系数不同,如表7-1所示,将芋头、南瓜、番薯处理成相同的圆柱形并进行油炸,结果显示番薯的传质系数最高,其次是南瓜和芋头。这表明不同的食品基质和成分会对传质系数产生影响。

表 7-1　　　　　　　　　　部分食品油炸过程中传质系数

食品种类	几何形状	温度/℃	$k_m/(\times 10^{-6} m/s)$
马铃薯	片	150~190	11.2~20.7
南瓜	圆柱	180	1.97
芋头	圆柱	180	1.88
番薯	圆柱	180	2.46
米果	球体	150~190	5.51~9.7

食品加工厂在180℃下油炸南瓜,已知此时的质量流率 $\dot{m}$ 为0.5kg/s,对流传质界面面积为 $2m^2$。根据表7-1给出的数据,求此时南瓜在界面处的浓度与油中浓度之差及传质通量。

解:根据式(7-12)得:

$$\Delta C = \frac{\dot{m}}{Ak_{\mathrm{m}}} = \frac{0.5\mathrm{kg/s}}{2\mathrm{m}^2 \times 1.97 \times 10^{-6}\mathrm{m/s}} = 1.27 \times 10^5\mathrm{kg/m}^3$$

$$N = k_{\mathrm{m}}\Delta C = 1.97 \times 10^{-6}\mathrm{m/s} \times 1.27 \times 10^5\mathrm{kg/m}^3 = 0.25\mathrm{kg/(m^2 \cdot s)}$$

二、对流传质的经验关联式

工程文献中充满了有关材料性能和操作条件传递系数的经验性或半经验性数据，这些数据一般以图形、图表或相关方程的形式出现。这里将讨论一些常用的相关经验式（表 7-2）。

表 7-2　　　　　　　　　　　　　　对流传质常用的经验关联式

流动状况		条件	经验公式	备注
圆管内流动		$Re = 4000 \sim 6000$ $Sc = 0.6 \sim 3000$	$j_{\mathrm{D}} = 0.023Re^{-0.17}$ $Sh = 0.023Re^{0.83}Sc^{1/3}$	$Re = \dfrac{dv_{\mathrm{b}}\rho}{\mu}$
		$Re = 10000 \sim 400000$ $Sc > 100$	$j_{\mathrm{D}} = 0.0149Re^{-0.12}$ $Sh = 0.0149Re^{0.88}Sc^{1/3}$	d——圆管直径，m; v_{b}——主体流速，m/s
流体平行 流入平板		$Re < 8000$ $Sc = 0.6 \sim 2500$ $Pr = 0.6 \sim 100$	$j_{\mathrm{D}} = 0.664Re^{-0.5}$ $Sh = 0.664Re^{0.5}Sc^{1/3}$	$Re = \dfrac{Lv_0\rho}{\mu}$
		$Re > 5 \times 10^5$ $Sc = 0.6 \sim 2500$ $Pr = 0.6 \sim 100$	$j_{\mathrm{D}} = 0.036Re^{-0.2}$ $Sh = 0.036Re^{0.8}Sc^{1/3}$	L——板长，m; v_0——边界层外流速，m/s
流体流过单个圆球	气体流过 单个圆球	$Re = 1 \sim 48000$ $Sc = 0.6 \sim 2.7$	$Sh = 2 + 0.552Re^{0.53}Sc^{1/3}$	$Re = \dfrac{d_{\mathrm{P}}v_0\rho}{\mu}$
	液体流过 单个圆球	$Re = 2 \sim 2000$	$Sh = 2 + 0.95Re^{0.5}Sc^{1/3}$	d_{P}——球形粒子的直径，m;
		$Re = 2000 \sim 17000$	$Sh = 0.347Re^{0.62}Sc^{1/3}$	v_0——远离粒子表面流体的速度，m/s
	流体与颗粒间 作爬流[①]流动	$Pe = ReSc < 10000$	$Sh = (4.0 + 1.21Pe^{2/3})^{1/2}$	
		$Pe = ReSc > 10000$	$Sh = 1.0Pe^{1/3}$	
流体垂直流过 单一圆柱体		$Re = 400 \sim 25000$ $Sc = 0.6 \sim 2.6$	$\dfrac{k_{\mathrm{G}}P}{G_{\mathrm{m}}} = 0.281Re^{-0.4}Sc^{-0.56}$ k_{G}——流体的对流传质系数，kg/(m²·s); P——系统总压力，kPa; G_{m}——摩尔流速，kmol/(m²·s)	$Re = \dfrac{d_{\mathrm{c}}v_0\rho}{\mu}$ d_{c}——圆柱体直径，m; v_0——远离圆柱体表面流体的速度，m/s

续表

流动状况		条件	经验公式	备注
流体流过固定床	气体流过球形粒子固定床	$Re = 90 \sim 4000$ $Sc = 0.6$	$j_D = j_H = \dfrac{2.06}{\varepsilon} Re^{-2/3}$	$Re = \dfrac{d_p v_e \rho}{\mu}$ d_P——颗粒直径，m； v_e——空塔流速[②]，m/s
		$Re = 5000 \sim 10300$ $Sc = 0.6$	$j_D = 0.95 j_H = \dfrac{2.04}{\varepsilon} Re^{-0.815}$	
	液体流过球形粒子固定床	$Re = 0.0016 \sim 55$ $\varepsilon = 0.35 \sim 0.75$ $Sc = 165 \sim 70600$	$j_D = \dfrac{1.09}{\varepsilon} Re^{-2/3}$	$\varepsilon = (V_b - V_p)/V_b$ V_b——总体积，m^3； V_p——颗粒体积，m^3
		$Re = 55 \sim 1500$ $\varepsilon = 0.35 \sim 0.75$ $Sc = 165 \sim 10690$	$j_D = \dfrac{0.250}{\varepsilon} Re^{-0.31}$	
流体流过球形颗粒流化床		$Re = 20 \sim 3000$	$j_D = 0.01 + \dfrac{0.863}{Re^{0.58} - 0.483}$	$Re = \dfrac{d_p v_e \rho}{\mu}$ d_P——颗粒直径，m； v_e——空塔流速，m/s

注：契尔顿（Chilton）和柯尔本（Colbum）采用实验方法关联了对流传热系数与范宁摩擦因数（Fanning Friction Factor）、对流传质系数与范宁摩擦因数之间的关系，得到了以实验为基础的类比关系式，称为柯尔本类似律（Colbum Analogy）或 J 因数类比法。其中，j_D 为柯尔本传质因数，j_H 为柯尔本传热因数。

①爬流是指来流速度很小，流速缓慢，颗粒迎流面与背流面流线对称。

②空塔流速是指在精馏、吸收等操作中所应用的板式塔或填料塔，在计算通过塔内的流体速度时，不考虑塔内装入的物件，按空塔计算流体通过塔的平均流速，以流体的流量被塔的总截面积除而得到的数值。此处指流化床的空塔流速。

三、稳态相间传质

在众多过程中，物质间的质量传递是至关重要的。例如，干燥过程是以水分子从液体或湿物质转移到气体（通常是空气）为基础的；果汁的除氧过程是使氧气从在液体中溶解的状态到气体的过程；液-液萃取过程是溶质从一种液体溶剂向另一种液体溶剂的转移。

路易斯（Lewis）和惠特曼（Whitman）在 1924 年提出了双膜理论（Double-Film Theory）。该模型假设存在两个停滞或层流膜，每个都在两相之间边界的一侧。这两相可以是气体和液体，也可以是两种不混溶的液体，物质通过浓度或者分压的差异从一个相转移到另一个相（严格地说，这种转移是由于对介质亲和力不同而造成的，只有在理想混合物情况下，才能用浓度的差异取代物质对亲和力的差异）。

双膜模型把气液间的对流传质过程描述成图 7-2 的形式，可以作如下假设：

（1）模型假设存在两个停滞或层流膜，每个都在两相之间边界的一侧。

（2）在气液相界面处，气液两相处于平衡状态。

（3）在两个停滞或层流膜以外的气液两相主体中，由于流体的强烈湍动，各处的浓度保持一致。

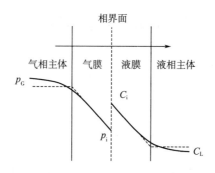

图 7-2 双膜模型表示的两个接触相的浓度或分压分布图

考虑图 7-2 气液接触情况，假设 A 物质从气体运输到液体，由于在界面上不存在累积，所以 A 从气体到界面的通量必须等于从界面到液体的通量：

$$k_G(p_{A, G} - p_{A, i}) = k_L(C_{A, i} - C_{A, L}) \tag{7-17}$$

式中　k_G——气膜对流传质系数，$kg/(m^2 \cdot s \cdot Pa)$；

　　　k_L——液膜对流传质系数，m/s；

$p_{A, G}$、$p_{A, i}$——物质 A 在气体中和界面的分压，Pa；

　　$C_{A, i}$、$C_{A, L}$——分别是物质 A 在界面和液体中的浓度，kg/m^3。

由于界面的平衡，$C_{A, i}$ 和 $p_{A, i}$ 通过相应的平衡函数相互关联。例如，如果假设符合亨利定律，则相互关系为

$$C_{A, i} = s p_{A, i} \tag{7-18}$$

式中　s——物质 A 在液相中的溶解度系数，$kg/(m^3 \cdot Pa)$。

我们定义了以液相浓度差为驱动力的总传质系数（Overall Mass Transfer Coefficient，K_L，m/s）：

$$N_A = K_L(s p_{A, G} - C_{A, L}) \tag{7-19}$$

同样，我们可以定义以气相总压差来表示驱动力的总传质系数 $[K_G$，$kg/(m^2 \cdot s \cdot Pa)]$：

$$N_A = K_G\left(p_{A, G} - \frac{C_{A, l}}{s}\right) \tag{7-20}$$

总传质阻力（Overall Mass Transfer Frication）等于液膜和气膜两个单独阻力之和：

$$\frac{1}{K_L} = \frac{1}{k_L} + \frac{s}{k_G} \text{ 或 } \frac{1}{K_G} = \frac{1}{k_G} + \frac{1}{s k_L} \tag{7-21}$$

通常情况下，一侧阻力比另一侧阻力大得多，例如，假设气体中 A 的阻力比液体中要小得多，即 $k_G \gg k_L$，则在这个例子中：

$$K_L \approx k_L \text{ 且 } K_G \approx s k_L \tag{7-22}$$

以上所建立的方程，仅在液体—气体服从亨利定律的情况下有效，否则必须用更精确的平衡函数或吸附等温线等实验数据进行表征。

在食品加工过程中，物质传递过程都会随着时间的变化而变化，所以稳态传质在实际食品加工过程中是很难实现的，但其可作为一种理想状态模拟加工过程中的某些时间点。

第四节　非稳态传质

非稳态传质是指物质传递随时间变化而变化。例如，一片蔬菜受到热空气干燥时其中的水分传递、将糖果放入水中其中糖分子在固体到液体之间的传递等，这些都是瞬间非稳态传质的例子。

一、费克第二定律

费克第二定律（Fick's Second Law）是在第一定律的基础上推导出来的，用于解决溶质浓度随时间变化的情况，即 $dc/dt \neq 0$。

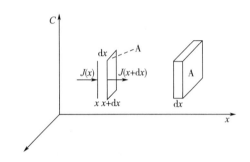

图 7-3　物质传递过程示意图

如图 7-3 所示，将距离 x 处的扩散质浓度定义为 $C(x, t)$，通过 A 面的扩散通量为 $J(x)$。费克第二定律指出，在非稳态扩散过程中，在距离 x 处，浓度随时间的变化率 $\dfrac{\partial C}{\partial t}$ 等于该处的扩散通量随距离变化率 $\dfrac{\partial J}{\partial x}$ 的负值，即：

$$\frac{\partial C}{\partial t} = -\frac{\partial J}{\partial x} \tag{7-23}$$

将 $J = -D\dfrac{dC}{dx}$ 代入上式，可以推出费克第二定律：

$$\frac{\partial C}{\partial t} = D\frac{\partial^2 C}{\partial x^2} \tag{7-24}$$

式中　C——扩散质的浓度，kg/m；

t——扩散时间，s；

x——扩散距离，m。

实际应用中，食品中溶质分子的扩散系数 D 都是随浓度变化的，但为了简化扩散方程，往往将 D 近似为恒量进行处理，再结合初始条件和边界条件求出方程的解，利用通解可以解决非稳态传质的具体问题。下面介绍利用费克第二定律分别求解在半无限长介质、无限长介质和有限长介质中的非稳态扩散情况。

二、半无限长介质中的非稳态扩散

所谓半无限长介质，是以 $x=0$ 平面为边界，在 x 的正方向可以无限延展的物体。尺寸无限大的物体只存在于理论中，它所表示的实际意义为：分子在极长的物体内传质或者传质时间非常短时，即可将该物体视为半无限大物体。如图 7-4 所示，相 B 为半无限长介质，扩散质在相 A 中的浓度为 C_s，其数值不随时间发生改变。

图 7-4　半无限长介质中的扩散过程

对于此类物体的求解，首先应确定初始条件及边界条件。

初始条件：

$$C(x, \ t = 0) = C_0$$

$t=0$ 时，相 B 中各处粒子浓度为 C_0。

边界条件：

$$C(x = 0) = C_s C(x = +\infty) = C_0$$

在相 A 和相 B 的界面处（$x=0$），扩散质的浓度始终为 C_s；在介质的无穷远处（$x=+\infty$），扩散质的浓度为 C_0。

结合费克第二定律，可得到该问题的通解为：

$$\frac{C_s - C_x}{C_s - C_0} = erf\left(\frac{x}{2\sqrt{Dt}}\right) \tag{7-25}$$

式中　C_x——扩散质在半无限长介质内距表层 x 时的浓度，kg/m^3；

$\quad\quad C_0$——扩散质在半无限长介质中的初始浓度，kg/m^3；

$\quad\quad C_s$——扩散质在半无限长介质外的表层浓度，kg/m^3；

$\quad\quad D$——扩散质在半无限长介质中的扩散系数，m^2/s；

$\quad\quad t$——扩散时间，s；

$\quad\quad x$——扩散距离，m。

注：erf（error function）为误差函数，自变量 x 的误差函数定义为：

$$erf(x) = \frac{2}{\sqrt{\pi}}\int_0^x e^{-2^x}dx$$

图 7-5 所示为随时间推移，扩散质在半无限长介质中的浓度分布情况。

当物体的总浓度和密度恒定时，式（7-25）可以进一步表示为：

$$\frac{C_s - C_x}{C_s - C_0} = \frac{w_s - w_x}{w_s - w_0} = erf\left(\frac{x}{2\sqrt{Dt}}\right) \tag{7-26}$$

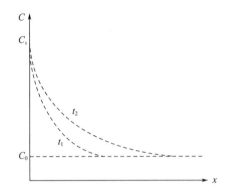

图7-5 不同时间下扩散质在半无限长介质中的浓度分布（$t_2 > t_1$）

式中 w_x——扩散质在半无限长介质内距表层 x 时的质量分数,%；

w_0——扩散质在半无限长介质中的初始质量分数,%；

w_s——扩散质在半无限长介质外的表层质量分数,%。

[**例7-3**] 塑料包装中双酚 A 在食品中的渗透。

双酚 A 型环氧树脂和双酚 A 型聚碳酸酯等材料，从20世纪60年代以来就被用于制造塑料（乳）瓶以及饮料罐内测涂层等，是常见的食品包装材料。研究人员通过动物实验发现，双酚 A 可能会增加女性患乳腺癌的危险。当一个装满牛乳的牛乳瓶在沸水浴中加热时，已知双酚 A 在100℃时在牛乳中的扩散系数为 $D = 4.6 \times 10^{-10} \, \text{m}^2/\text{s}$，包装盖中双酚 A 的质量分数 $w_s = 1.2\%$。问：需要经过多长时间距离塑料瓶盖 $x = 0.1 \text{mm}$ 处牛乳中双酚 A 的质量分数能够达到0.1%。

解：由题意可知，双酚 A 只渗漏到牛乳表面非常薄的地方，因此可将牛乳视为半无限大物体。

根据半无限大物体内分子扩散的通解，即式（7-26）：

$\dfrac{w_s - w_x}{w_s - w_0} = erf\left(\dfrac{x}{2\sqrt{Dt}}\right)$ 可以得到：

$$\frac{0.012 - 0.001}{0.012 - 0} = erf\left(\frac{0.0001}{2\sqrt{4.6 \times 10^{-10} \times t}}\right)$$

$$erf\left(\frac{2.33 \times 10^{-5}}{\sqrt{t}}\right) = 0.917$$

求解 erf 反函数，即逆误差函数：

$$\frac{2.33 \times 10^{-5}}{\sqrt{t}} = erfinv(0.083) = 1.225$$

即：

$$t = \frac{0.0001^2}{4 \times 1.225^2 \times 4.6 \times 10^{-10}} = 3.62 \, (\text{s})$$

三、无限长介质中的非稳态扩散

无限长介质可以看作是两个半无限长介质相 A 和相 B 的连接，连接处界面表示为 $x = 0$。扩散质在相 A 和相 B 中的初始浓度分别为 C_2 和 C_1，假定 $C_2 > C_1$，则扩散质由相 A 向相 B 发生扩散。在极短时间内，任何扩散过程都可以看作是发生在无限长介质中（图7-6）。

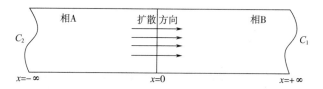

图 7-6　无限长介质中的扩散过程

对于此类问题求解，首先应确定初始条件和边界条件。

初始条件：

$$C(x < 0,\ t = 0) = C_2 \quad C(x > 0,\ t = 0) = C_1$$

$t=0$ 时，相 A 中各处粒子浓度为 C_2，相 B 中各处粒子浓度为 C_1。

边界条件：

$$C(x = -\infty) = C_2 \quad C(x = +\infty) = C_1$$

随时间推移，在相 A 和相 B 的无限长边界处扩散质的浓度始终不变，分别保持为 C_2 和 C_1。浓度变化趋势如图 7-7 所示。

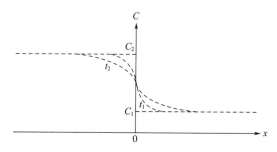

图 7-7　不同时间下扩散质在无限长介质中的浓度分布（$t_2 > t_1$）

结合费克第二定律，可得到该问题的通解为：

$$C_x = \frac{C_1 + C_2}{2} + \frac{C_1 - C_2}{2} erf\left(\frac{x}{2\sqrt{Dt}} \right) \tag{7-27}$$

式中　C_x——扩散质距相 A 与相 B 界面处 x 时的浓度，kg/m^3；

　　　C_1——扩散质在相 A 中的初始浓度，kg/m^3；

　　　C_2——扩散质在相 B 中的初始浓度，kg/m^3；

　　　D——扩散质在无限长介质中的扩散系数，m^2/s；

　　　t——扩散时间，s；

　　　x——扩散距离，m。

四、有限长介质中的非稳态扩散

物质在有限长介质中扩散时，如图 7-8 所示，相 B 为有限长介质，为计算方便，将 x 的零点设置在扩散远端，在相 A 和相 B 的界面处，$x=L$，L 为介质的长度。

该类问题的初始条件为：

$$C(x,\ t = 0) = C_0$$

$t=0$ 时，相 B 中各处粒子浓度为 C_0。

图 7-8　有限长介质中的扩散过程

边界条件为：

$$C(x = L) = C_s \qquad \frac{\partial C(x = 0)}{\partial x} = 0$$

在相 A 和相 B 的界面 $x = L$ 处，扩散质的浓度始终为 C_s，在 $x = 0$ 处，扩散质随 x 的变化率为 0，如图 7-9 所示。

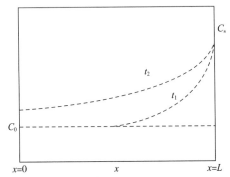

图 7-9　不同时间下扩散质在有限长介质中的浓度分布（$t_2 > t_1$）

结合费克第二定律，可得到该类问题的通解为：

$$\frac{C_s - C_x}{C_s - C_0} = \sum_{n=0}^{\infty} \frac{4(-1)^n}{(2n+1)\pi} \cos \frac{(2n+1)\pi x}{2L} e^{-D\left[\frac{(2n+1)\pi}{2L}\right]^2 t} \qquad (n = 0, 1, 2, \cdots) \qquad (7\text{-}28a)$$

式中　C_x——扩散质距扩散远端界面处 x 时的浓度，kg/m^3；

C_0——扩散质在有限长介质中的初始浓度，kg/m^3；

C_s——扩散质在相 A 和相 B 界面处的浓度，kg/m^3；

D——扩散质在有限长介质中的扩散系数，m^2/s；

$2L$——有限长介质的长度，m；

t——扩散时间，s；

x——扩散距离，m。

当相 B 中扩散质浓度高于相 A 时，扩散质由相 B 向相 A 扩散，式（7-28a）可变为：

$$\frac{C_x - C_s}{C_0 - C_s} = \sum_{n=0}^{\infty} \frac{4(-1)^n}{(2n+1)\pi} \cos \frac{(2n+1)\pi x}{2L} e^{-D\left[\frac{(2n+1)\pi}{2L}\right]^2 t} \qquad (n = 0, 1, 2\cdots\cdots) \qquad (7\text{-}28b)$$

当 $\dfrac{Dt}{L^2} > 0.1$ 时，式（7-28b）中的前三项（即 $n = 0, 1, 2$）足以进行系列收敛。对式（7-28b）两边进行求导可得：

$$\log\left(\frac{C_x - C_s}{C_0 - C_s}\right) = \frac{\pi^2 D}{L^2} t \log e + B \qquad (7\text{-}29a)$$

$$B = \log 2 + \log A_1 \cdot e^{0.25} + \log A_2 \cdot e^{2.25} + \log A_3 \cdot e^{6.25} \tag{7-29b}$$

$$A_1, \ A_2, \ A_3 = \frac{(-1)^n}{(n+0.5)^2 \pi^2} \qquad (n = 0, \ 1, \ 2) \tag{7-29c}$$

式（7-29a）表明，当 D 为常数，则 $\dfrac{C_x - C_s}{C_0 - C_s}$ 与 $\dfrac{Dt}{L^2}$ 的半对数图是线性的，扩散系数 D 可通过斜率进行计算。

表 7-3 $\qquad\qquad \dfrac{C_x - C_s}{C_0 - C_s}$ 与 $\dfrac{Dt}{L^2}$ 的函数对应值

$\dfrac{Dt}{L^2}$	$\dfrac{C_x - C_s}{C_0 - C_s}$	$\dfrac{Dt}{L^2}$	$\dfrac{C_x - C_s}{C_0 - C_s}$	$\dfrac{Dt}{L^2}$	$\dfrac{C_x - C_s}{C_0 - C_s}$
0	1.0000	0.10	0.6432	1.10	0.0537
0.01	0.8871	0.20	0.4959	1.20	0.0411
0.02	0.8404	0.30	0.3868	1.30	0.0328
0.03	0.8045	0.40	0.3021	1.40	0.0256
0.04	0.7743	0.50	0.2360	1.50	0.0200
0.05	0.7477	0.60	0.1844	1.60	0.0156
0.06	0.7236	0.70	0.1441	1.70	0.0122
0.07	0.7014	0.80	0.1126	1.80	0.0095
0.08	0.6808	0.90	0.0879	1.90	0.0074
0.09	0.6615	1.00	0.0687	2.00	0.0058

也可利用海斯勒图（Heisler Chart）进行求解，如图 7-10 所示。

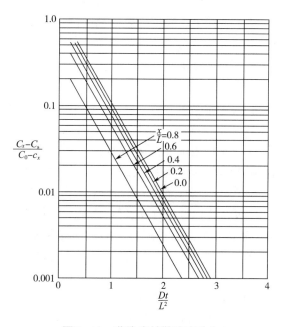

图 7-10 非稳态扩散浓度分布

有限长介质中的非稳态扩散过程是实际应用中最为常见的情况，其求解过程也最为复杂，需要结合复变函数及数学分析等方法共同解决。如腌制是常见的食品加工技术，食品中存在水分故在腌制过程中会产生渗透压，导致传质现象的发生。在渗透压的影响下，溶质会扩散进入组织，而水分子会渗透出来，最终形成腌制品。我们也可以用有限平板公式来模拟腌制过程中的盐分（或其他组分）在不同介质中的传递过程，探究在不同时间、不同部位的盐分渗透情况或含盐率，计算得出有效扩散系数。

[例7-4] 苹果片中水分的扩散。

10mm 厚的苹果片中含有 30% 的水分，强制对流条件下可以保持苹果表面的水分与空气中水分含量保持平衡，空气含水量为 5%。水分的扩散系数为 $1\times10^{-9}m^2/s$。计算苹果片中心水分干燥至 10% 所需的时间。

假定：水分从苹果片扩散到空气中的过程为一维扩散，水分扩散过程中不受阻力影响，苹果无收缩。

解：根据题意可得：

$$\frac{C_x - C_s}{C_0 - C_s} = \frac{10\% - 5\%}{30\% - 5\%} = \frac{1}{5}$$

$$\frac{x}{L} = \frac{1}{2}$$

代入图 7-10 中，可找到：

$$\frac{Dt}{L^2} = 0.52$$

求得：

$$t = 0.52 \times 0.01^2 \times 10^9 = 52000(s) \approx 14.4(h)$$

[例7-5] 鹰嘴豆浸泡时的传质过程（Rui Costa, 2018）。

鹰嘴豆最常见的食用方法是在浸泡后进行烹调，其浸泡过程中所发生的传质现象与浸泡时的水温密切相关，在常温水中浸泡时发生的基本是水分转移的变化；在高温水中浸泡时除了水分转移，还会发生淀粉凝胶化（温度 55℃ 以上）等现象。对鹰嘴豆浸泡时的传质过程进行探究，建立传质数学建模，有利于进一步优化鹰嘴豆浸泡过程，实现最大产量和最小能耗。本例研究了鹰嘴豆浸泡过程中的水分传递、淀粉糊化等动力学过程。

鹰嘴豆的种皮—子叶之间有一定孔隙（图 7-11），这些孔隙可以用来解释初始的水吸收。在浸泡时，吸水是由种皮吸收开始，然后扩散到子叶。在到达子叶表面后，水进一步进入鹰嘴豆并占据更多的自由空间，如开放的毛细管和胶束间空间，并被淀粉、蛋白质和纤维吸收。随着吸收的发生，分子的重排导致肿胀即鹰嘴豆体积增大。同时，吸水提供的溶剂可以溶解固体和介质，导致可溶性固体损失。这些现象将一直持续到鹰嘴豆内部和外部溶液的浓度达到动态平衡。根据费克第二定律 [式 (7-24)] 对吸水和固相损失进行建模。在传质模型中，将鹰嘴豆看作球形，平均半径为 5mm。在浸泡过程中，假设鹰嘴豆表面的恒定特性，在没有外部阻力的情况下进行建模，对实验数据进行拟合，得到如下数学关系式：

$$\frac{M - M_i}{M_\infty - M_i} = 1 - \sum_{n=1}^{\infty} \frac{6}{\pi^2 n^2} \exp\left[-\frac{Dn^2\pi^2 t}{r^2}\right] \tag{7-30}$$

式中　M——鹰嘴豆在浸泡一段时间后的水分含量（M_w）或固体含量（M_s），kg；

M_∞——鹰嘴豆在浸泡无限延长时的水分含量或固体含量，kg；

M_i——鹰嘴豆在浸泡中某时刻的水分含量或固体含量，kg；

D——扩散系数，m^2/s；

r——种皮半径，m；

t——鹰嘴豆浸泡时间，s。

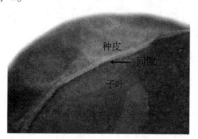

图 7-11　鹰嘴豆种皮-子叶示意图

将鹰嘴豆浸在水里后，在第一分钟水分含量快速增加（图 7-12）。水吸收的驱动力在浸泡过程中随着时间的延长而减小，最终达到零，这里认为水吸收的驱动力是无限时间后的平衡水含量 M_∞ 和各时间点水含量 M 的差。在较高的温度下，淀粉和蛋白质开始吸收水分，所以最大含水量 $C_{w,\infty}$ 随温度的升高而增加。在 25~100℃ 温度变化范围内，水扩散系数介于 1.12×10^{-10} ~ 3.83×10^{-10} m^2/s。25~50℃ 以及 75~100℃ 范围内可以观察到扩散系数明显增加。然而，在 50~75℃ 范围内没有发现这种现象。这主要因为在该温度范围内，会发生糊化现象，即水与淀粉相结合。与淀粉结合的水无法进一步扩散到鹰嘴豆的核心，整体上减缓了水的扩散。另一方面，高温会导致水黏度降低，自扩散系数增大，因此水的扩散系数随着温度的升高而增加。当我们比较 50℃（略低于糊化温度）和 75℃（已经高于糊化温度）下得到的值时，这两种现象的净效应导致水的扩散率略有增加，但并不显著（表 7-4）。除了原料的可变性外，由于扩散率与半径的平方成正比，所以扩散率的差异也受到所选择半径的影响。

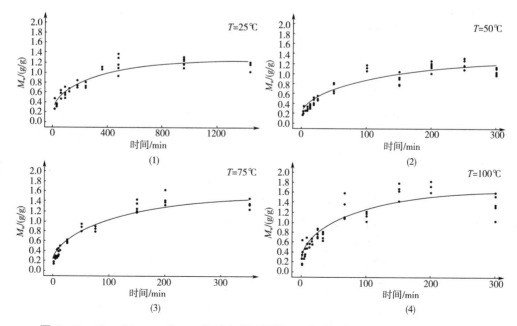

图 7-12　25、50、75 和 100℃ 时鹰嘴豆质量 M_w 随时间变化的实测数据与预测范围

表 7-4   鹰嘴豆中水分扩散系数及固体（溶解）扩散系数

项目	$T/℃$	$D×10^{10}/$ (m^2/s)	$\sigma(D)/$ $×10^{10}$ (m^2/s)	$\sigma(D)$ $/\%$	M_∞	$\sigma(M_\infty)$	$\sigma(M_\infty)$ $/\%$	$C_{w,\infty}$ 或 $f_{s,\infty}/$ $(g/100g\ d.b.)$	$RMSE$ $/\%$
水分扩散系数	25	1.123	0.1510	13	1.245	0.0437	3.5	145	1.379
	50	2.450	0.6474	26	1.311	0.1019	7.7	165	1.391
	75	2.491	0.4520	18	1.551	0.0844	5.4	236	1.278
	100	3.831	0.7954	21	1.663	0.0967	5.8	246	2.070
固体（溶解）扩散系数	25	1.642	0.4621	28	0.857	$4.906×10^{-3}$	0.6	93	0.1899
	50	4.066	1.201	30	0.809	$9.053×10^{-3}$	1.1	87	0.2028
	75	0.977	0.6276	64	0.655	$6.702×10^{-3}$	10.2	71	0.2770
	100	1.876	1.124	60	0.676	$5.312×10^{-3}$	7.9	73	0.4459

注：σ——样本的标准差，其单位与样本的单位相同；

    $\sigma(D)$——相对标准偏差，由标准偏差除以相应的平均值乘100%所得，%；

    $C_{w,\infty}$——无限时间中单位物体中的含水量，g/100g；

    $f_{s,\infty}$——无限时间中固体颗粒在浸泡过程中损失的比例，g/100g；

    d.b.——干基（Dry Basis），以单位质量无水固体为基准表示湿固体中的水分；

   $RMSE$——均方根误差。

    将鹰嘴豆浸泡过程中的传质变化分为三个周期。第一传质期的特征是密度的增加，到达这个点所需要的时间随温度升高而减少，密度增加与质量增加相对应。第二传质期对应于实现5%固体损失所需的时间，该周期的持续时间与固体扩散率成反比。在 25～50℃ 以及 75～100℃ 范围内可以观察到固体损失，但 50～75℃ 范围内，因为此范围内发生的胶凝作用减缓了固体损失。在此过程中，水和固体的扩散转移与体积增大引起的流体流动同时发生。第三传质期发生在固体损失达到5%之后直至浸泡结束。其原因与上述类似，主要由于低于糊化温度下的固体损失，以及高于糊化温度时的吸水。

    [例 7-6] 白蘑菇菌盖渗透脱水时的传质过程（J.E. González-Pérez，2019）。

    对白蘑菇菌盖渗透脱水时的传质过程进行探究。渗透脱水（Osmotic Dehydration，OD）是一种固液接触的部分脱水方法，将食品浸入高渗溶液中进行脱水，同时食品也可以从溶液中吸收溶质，其作为干燥的预处理可改善食品的最终特性。白蘑菇（双孢蘑菇）可以用 NaCl 水溶液渗透脱水来延长其保质期。将白蘑菇菌盖塑造成半球壳形状，使用非稳态 2D 扩散模型对水分损失和溶质富集进行建模，评估白蘑菇渗透脱水过程中传质情况，估算扩散期间扩散系数，并统计在不同浓度 NaCl 水溶液中脱水时水分流失随时间的变化。

    图 7-13 是确定产品变形的图像所使用的分析步骤：首先拍摄原始图像，然后制作三个颜色簇的简化图像，再去除非产品颜色簇，形成灰度图像，最终描绘出产品轮廓（图像对应于在40℃，10% NaCl 水溶液中处理 180min 的样品）。

    图 7-14 是菌盖轮廓处理过程：将图 7-13（1）中原始图像进行简化处理得到图 7-13（4）。图 7-14（1）中为多个经过简化处理的菌盖轮廓，对齐后得到图 7-14（2），将图 7-14（2）

中图形进行平均后形成轮廓图 7-14（3）（图像对应在 40℃、10% NaCl 溶液中处理 5min 的样品）。

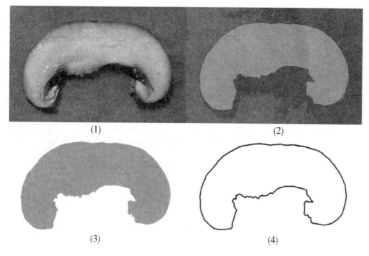

图 7-13　菌盖图像处理过程

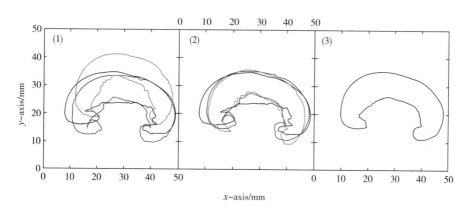

图 7-14　菌盖轮廓处理过程

图 7-15 表示菌盖分别在 10% 和 25% NaCl 水溶液中，当温度分别为 40、60、80℃时水分随时间的流失程度 [（1）和（2）] 及溶质随时间的增加程度 [（3）和（4）]。其中，点表示实验中所测得的数据，实线表示考虑脱水收缩的模型拟合，虚线表示未考虑收缩的模型拟合。在此模型中主要考虑两个传质过程，一个是水分从菌盖内部向外扩散的过程；另一个是溶质从溶剂中向菌盖内部扩散的过程。当模型考虑菌盖收缩时，水的扩散系数在 $1.1 \times 10^{-9} \sim 4.6 \times 10^{-9} \text{m}^2/\text{s}$ 范围内，溶质扩散系数在 $1.1 \times 10^{-9} \sim 1.8 \times 10^{-9} \text{m}^2/\text{s}$ 之间。在渗透脱水过程中升高温度会增加产品中的水和溶质迁移率（$P < 0.05$）。温度和渗透浓度对传质速率没有显示出显著影响（$P > 0.05$）。

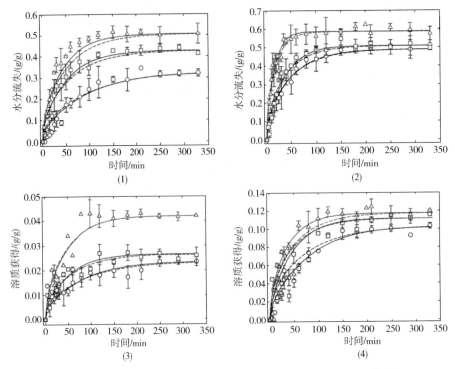

图 7-15　不同情况下白蘑菇菌盖的水分流失及溶质获得示意图

—○—$T = 40℃$　　—□—$T = 60℃$　　—△—$T = 80℃$

第五节　食品包装材料

一、概　　述

包装（Packaging）是食品工业过程中的主要工程之一，它是食品商品化的重要基础，具有保护食品不受外来生物、化学和物理因素的破坏、维持食品质量稳定的作用。食品包装通过阻碍水和气体及其他小分子迁移物质传递达到保护食品安全的目的，使其保持在货架期中的品质，因此食品包装也被认为是传质在食品过程工程中的重要应用。

根据《中华人民共和国食品安全法》，食品包装材料的定义是：包装、盛放食品或者食品添加剂用的纸、竹、木、金属、搪瓷、陶瓷、塑料、橡胶、天然纤维、化学纤维、玻璃等制品和直接接触食品或者食品添加剂的涂料。

欧盟将食品包装材料称为食品接触性材料（Food Contact Materials）进行管理，其定义各国略有不同，一般认为是：在可预见的正常使用情况下可能与食品接触，或可能将其成分迁移至食品中的材料和制品，也包括生产这些材料和制品所使用的原辅材料。

不同的食品包装材料对包装的保护作用也有一定差异，材料的阻隔性能（Barrier Properties）、遮光性能（Optical Properties）、机械性能（Mechanical Properties）等都会直接影响到其所包装食品的品性。食品包装的阻隔性一方面保证外部环境中的各种细菌、尘埃、光、气体、水分等不能进入包装内的食品中，另一方面保证食品中所含的水分、油脂、芳香成分等对食品质量必不可少的成分不向外渗透，保证包装的食品不变质。

二、包装材料种类

食品包装材料种类繁多、性能各异，因此只有了解各种包装材料和容器的包装性能，才能根据包装食品的防护要求选择既能保护食品风味和质量，又能体现其商品价值，并使综合包装成本合理的包装材料。将食品包装按材料分类如表 7-5 所示。

表 7-5 食品包装按材料分类

包装材料	常用相关材料
纸类	牛皮纸、羊皮纸、鸡皮纸、食品包装纸、半透明纸、玻璃纸、复合纸
塑料	聚乙烯（PE）、聚丙烯（PP）、聚氯乙烯（PVC）、聚酯类
金属	镀锡薄钢板、不锈钢板、铝合金薄板、铝箔、铝丝
玻璃	钠钙玻璃、铅玻璃、硅硼玻璃
复合材料	纸、塑料薄膜、铝箔等组合而成的复合软包装材料、复合软管等
其他	陶瓷、搪瓷、橡胶、尼龙、竹制品、表面涂料等

1. 纸类包装材料

纸类包装材料具有来源广泛、品种多样、成本低廉、加工和印刷性能好、具有一定的机械性能和缓冲性能、废弃物可回收利用的特点，因此在包装领域中占有重要地位。纸和纸板属于多孔性纤维材料，对水分、气体、光线、油脂等具有一定程度的渗透性，阻隔性较差，如需用于包装水分、油脂含量较高及对阻隔性要求高的食品，必须通过适当的表面加工才能实现。

2. 塑料包装材料

塑料是一种以高分子聚合物——树脂为基本成分，再加入一些用来改善其性能的各种添加剂，制成的高分子有机材料。塑料用作包装材料是现代包装技术发展的重要标志，因其原材料来源丰富、成本低廉、性能优良，成为近年来世界上发展较快、用量巨大的包装材料。

3. 金属包装材料

金属包装材料是传统包装材料之一，用于食品包装有近 2000 年的历史。由于金属包装材料的高阻隔性，耐高、低温性，废弃物易回收等优点，在食品包装上应用广泛。金属作为食品包装材料的缺点：化学稳定性差、不耐酸碱腐蚀，金属离子析出从而影响食品风味等。为弥补这个缺点，一般需要在金属包装容器内壁施涂涂料。除此之外，金属包装价格较贵，但随着生产技术的进步和生产规模的扩大，成本有所下降。

4. 玻璃

玻璃是一种古老的包装材料，4000 多年前埃及人首先制造出玻璃容器，由此玻璃成为食品及其他物品的包装材料。玻璃是由石英石（构成玻璃的主要成分）、纯碱（碳酸钠、助熔剂）、石灰石（碳酸钙、稳定剂）为主要原料，加入澄清剂、着色剂、脱色剂等，经 1400～1600℃高温熔炼成黏稠玻璃液再经冷凝而成的非晶体材料。玻璃具有良好的化学稳定性、透光性、阻隔性、成品加工性，且原料来源丰富，废弃玻璃可回炉焙炼，再制成成型制品，价格也相对低廉。

5. 复合材料

复合包装材料是利用层合、挤出贴面、共挤塑等技术将几种不同性能的基材结合在一起形成的一个多层结构，以满足运输、贮藏、销售等对包装功能的要求及某些产品的特殊要求。一般可分为基层、功能层和热封层。基层主要起美观、印刷、阻湿等作用，功能层主要起阻隔、避光等作用，热封层与包装物品直接接触，应具备一定的耐渗透性、良好的热封性以及透明性等功能。复合包装材料在微观结构上遵循扬长避短的结合，发挥所组成物质的优点，因此复合包装材料比任何单一传统包装材料的性能要优越得多。

6. 新型生物基材料

塑料包装为人类带了便捷的生活方式，但同时也给环境造成了严重的污染，人们对开发新型可降解生物基包装材料的需求越来越高。随着科学技术的发展，目前已经开发出了许多以生物质材料（包括秸秆、木屑、稻壳、玉米等）为原料的食品包装材料，这些材料大都可被环境微生物所降解，且具有特定的立体结构和光学特征结构，在加工过程中极少使用有毒试剂，能够减少污染。尽管利用生物质材料能够制备出包装薄膜，但其机械性能和热稳定性还不能与目前市场上常用的石油基包装材料相媲美，许多科学家仍在进行相关的研究工作，以解决这些问题。

三、包装材料的传质特性

传统的包装材料，如玻璃、金属、陶瓷等，均属于非渗透性材料，即不能被气体和水蒸气渗透，而纸张属于高渗透性材料；现代包装材料主要是高分子复合材料，除了考虑接口等处渗透，材料本身都会渗透气体或水蒸气。

食品包装的阻隔性是研究气体、水蒸气、液体物质及其他低分子质量物质的分子溶解于聚合物中，并在其中发生扩散，然后输送给聚合物材料相接触食品的过程。小分子在膜的一个面上溶解或吸附，经过膜内扩散后，在另一个膜面上解吸，这种溶解—扩散—解吸过程称为渗透（Penetration）。渗透过程一般用渗透率或渗透率系数（Permeability）来表征。渗透过程可能会使食品的质量增加或减少，外界的物质会加入食品中，食品中的组分也会穿过包装物损失掉，这个过程会使食品发生物理、化学的变化而影响食品的货架期。

气体、水蒸气和其他低分子质量物质的分子可以溶解于聚合物中，并在其中发生扩散，然后输送给与聚合物相接触的物质。这些过程发生的速率以及能够进行到何种程度，依赖于该聚合物的物理和化学结构，以及扩散分子本身的特性。

在包装材料中发生物质交换的条件是：扩散质在聚合物中迁移必须具备在聚合物中移动的能力。这种能力的强弱很大程度上是受聚合物的自由体积的影响。扩散质在聚合物中迁移的能力还依赖于其本身体积的大小，尤其是与聚合物的自由体积相比较的大小。较小的分子相对于较大的分子更容易在聚合物中发生运动。自由体积越大，空穴尺寸越大，扩散质就具有更好的迁移能力。

温度对包装材料的传质有着较大的影响。对于材料本身，在给定的聚合物中，当温度高于玻璃化温度时，渗透物分子的迁移能力远远大于温度低于玻璃化温度时分子的迁移能力，这是因为当温度高于玻璃化温度时，聚合物由玻璃态转变为高弹态，分子链段开始运动。同时扩散质由于温度升高，热运动速度加快，扩散速度加快。

除此之外，增强极性、氢键结合或增加结晶度都会降低高分子链段的运动能力并减小自由体积，从而提高聚合物分子的阻隔性能。增加分子链的刚度（Stiffness）和交联程度（Crossing Degree）也会降低链段的运动能力，但其自由体积可能增加，也可能减小，所以它们对聚合物阻隔性的影响很难预测。

目前市场上最常用的高阻隔材料主要有四种（表7-6）：聚偏二氯乙烯（Polyvinylidene Chloride，PVDC）、聚乙烯-乙烯醇（Ethylene Vinyl Alcohol Copolymer，EVOH）、聚酰胺（Polyamide，PA）、聚酯类（Polyethylene Terephthalate，PET）。PVDC 是以偏二氯乙烯为主要成分的共聚物，因其分子结构对称，分子间具有较强的相互作用力，小分子在其间很难移动，因其具有高结晶性、高密度，并且存在疏水基，使得 PVDC 透氧率和透水汽率极低；EVOH 结合了乙烯聚合物的加工性和乙烯醇聚合物的高阻隔性，是应用最多的高阻隔性材料。EVOH 分子链上的羟基之间易形成氢键，使得分子间作用力加强，分子链堆积更紧密，同时羟基是极性基团，使得空气中非极性的氧气很难透过 EVOH，但同时因为羟基基团的亲水性，导致它对水汽阻隔性不高；PA 是指主链的结构单元中含有酰胺键的聚合物，酰胺基团上的氢易与另一个酰胺基团上的氮原子形成氢键，使得聚酰胺分子间作用力增大，分子链排列规整，从而使聚酰胺具有高阻隔性。聚酯类包装材料中最常用到的为聚对苯二甲酸乙二醇酯（PET），这种材料化学结构对称，分子链平面性好，堆砌紧密，容易结晶取向，因此具有优异的阻隔性能。

表7-6 高阻隔性材料渗透性

材料	氧气阻隔性23℃，50%或0%RH/[cm³·mm/(m²·d·Pa)]	水蒸气阻隔性23℃，85%RH/[g·mm/(m²·d)]
PVDC	0.01~0.3	0.1
EVOH	0.001~0.01（0%RH）	1~3
PA	0.1~1（0%RH）	0.5~10
PET	1~5	0.5~2

不同渗透物分子特性不同，使得相同材料对不同透过物质的透过系数不同，渗透物分子的大小及渗透物分子与聚合物的相似性是影响渗透性的重要因素。在渗透过程中，聚合物就像一个筛网，允许部分分子通过而阻止其他分子。

包装材料的阻隔性对食品品质有很大影响，它能控制食品中香味的释放，对小分子气体（尤其是水蒸气和氧气）的阻隔能够控制食品中微生物的生长，从而控制包装食品的保质期。

物质在包装材料中的传递可以分为三种：扩散、迁移、吸收。

1. 扩散

扩散质（气体、水蒸气或液体）穿过均一包装材料（不含裂缝、空穴、其他缺陷）的运动。造成的后果有包装物的氧化、霉变（细菌的生长、霉菌的生长）以及脱水、脱酸等反应，导致保质期缩短。

如图7-16所示，当扩散过程被看作沿 x 方向的一维扩散时，扩散系数可用下式表示：

$$D = \frac{x^2}{2t} \tag{7-31}$$

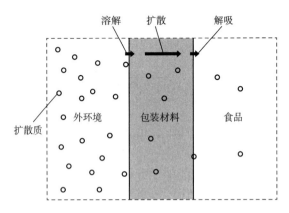

图 7-16　扩散质从外界环境通过包装材料进入内包装食品的过程

$$u = \frac{(x^2)^{1/2}}{t} = \sqrt{\frac{2D}{t}} \qquad (7-32)$$

式中　x^2——分子的均方位移，m^2；

　　　u——扩散速度，m/s。

根据斯托克斯-爱因斯坦方程式（7-3a），可以获得呈球形的低浓度大分子溶质和小颗粒的扩散系数 D。假设稳态传质过程：①浓度不随时间发生变化；②没有对流；③浓度变化与扩散距离成线性关系；④质量扩散率不受浓度的影响，即 D 不受浓度影响；⑤系统中没有温度梯度。在食品包装中的传质扩散过程可用式（7-11）表示，联立式（7-8）和式（7-11），得到：

$$m_A = \frac{AtDs\Delta p}{z} = \frac{At\,\Pi\,\Delta p}{z} \qquad (7-33)$$

对于多层复合包装材料，其传质驱动力和传质阻力的情况可以参照多层板热传导及串联电路的欧姆定律。

如图 7-17 所示，在稳态条件下，由于各层面积相同，各层传质通量和总传质通量相等，如式（7-34）：

$$J = \frac{(c_{out} - c_1)}{\Delta z_1/D_1} = \frac{(c_1 - c_2)}{\Delta z_2/D_2} = \frac{(c_2 - c_{in})}{\Delta z_3/D_3} = \frac{(c_{out} - c_{in})}{R} \qquad (7-34a)$$

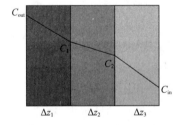

图 7-17　多层平板分子扩散浓度梯度示意图

以分压差表示，

$$J = \frac{(p_{out} - p_1)}{\Delta z_1/\Pi_1} = \frac{(p_1 - p_2)}{\Delta z_2/\Pi_2} = \frac{(p_2 - p_{in})}{\Delta z_3/\Pi_3} = \frac{(p_{out} - p_{in})}{R} \qquad (7-34b)$$

其中，总传质阻力为各层传质阻力之和：

$$R = \frac{\Delta z_1}{D_1} + \frac{\Delta z_2}{D_2} + \frac{\Delta z_3}{D_3} \tag{7-35a}$$

$$R = \frac{\Delta z_1}{\Pi_1} + \frac{\Delta z_2}{\Pi_2} + \frac{\Delta z_3}{\Pi_3} \tag{7-35b}$$

[例7-7] 葡萄干贮藏在聚乙烯袋中，环境相对湿度为90%RH，包装袋内湿度为40%RH，面积为15cm×15cm，PE袋厚度为0.1mm，水分在聚乙烯（PE）袋中的渗透系数 Π 为 10^{-9} g·m/（sm·Pa），要求计算水分在包装袋中的传递速率。

解题思路：

步骤1：计算包装内外的水蒸气分压差；

步骤2：计算水蒸气的传质速率；

步骤3：假设稳态传质过程，写出扩散引起的质量通量方程。

解：①查水蒸气饱和分压表可知，25℃时，饱和水蒸气压强为3.0kPa。

$$P_{in} = 3.0 \times 0.4 \text{kPa} = 1.2 \text{kPa}$$

$$P_{out} = 3.0 \times 0.9 \text{kPa} = 2.7 \text{kPa}$$

②根据式（7-29），可以得到：

$$\frac{\dot{m}}{A} = \frac{\Pi \Delta p}{z} = \frac{10^{-9} \times 3 \times 1000 \times (0.9 - 0.4)}{0.1 \times 10^{-3}} = 0.015 \text{ g/（m}^2 \cdot \text{s）}$$

[例7-8] 将产品密封在由0.1mm聚乙烯薄膜层和0.1mm聚酰胺薄膜组成的复合材料包装袋中。包装袋在21℃和75%RH下贮藏。产品的水活度为0.3。聚乙烯和聚酰胺的渗透系数分别为 1.10×10^{-14} 和 6.24×10^{-14} g·cm/(s·cm²·Pa)。假设为稳态，计算蒸汽传递速率。

解题思路：

步骤1：计算总阻力及各层阻力；

步骤2：计算包装内外的水蒸气分压；

步骤3：计算水蒸气的传递速率。

解：查水蒸气饱和分压表可知，21℃时，饱和水蒸气气压为2.48kPa。

稳态下，可以由式（7-34b）计算水蒸气的传质通量：

已知：

$$\Pi_1 = 1.1 \times 10^{-14} \text{g} \cdot \text{cm/(s} \cdot \text{cm}^2 \cdot \text{Pa)}$$

$$\Pi_2 = 6.2 \times 10^{-14} \text{g} \cdot \text{cm/(s} \cdot \text{cm}^2 \cdot \text{Pa)}$$

$$\Delta z_1 = \Delta z_2 = 0.1 \text{mm}$$

代入总阻力公式（7-35b）：

$$R = \frac{\Delta z_1}{\Pi_1} + \frac{\Delta z_2}{\Pi_2}$$

又：

$$\Delta p = p^* \times (RH_{out} - RH_{in})$$

所以：

$$\frac{\dot{m}}{A} = \frac{\Delta p}{R} = \frac{2.48 \times 10^3 \times (0.75 - 0.3)}{\dfrac{0.1 \times 10^{-1}}{1.1 \times 10^{-14}} + \dfrac{0.1 \times 10^{-1}}{6.2 \times 10^{-14}}} = 1.04 \times 10^{-9} \text{g/(cm}^2 \cdot \text{s)}$$

2. 迁移

原本存在于聚合物材料（或其他材料）中的物质传递至所包装的物品中的过程就是迁移。出现传递的组分称为迁移物。迁移物包括残余单体、溶剂以及加工助剂等。

聚合物包装材料成分迁移的数学模型，一般为基于费克扩散定律的扩散行为、非费克扩散行为和无规则扩散，实例中模型建立主要是基于费克扩散定律的扩散行为模型。

费克扩散模型把扩散过程描述为时间、温度、材料厚度、原材料中化学物质数量和分配系数的函数。目前，基于扩散理论和费克第二定律建立聚合物迁移模型的研究已经相当成熟，其模型效果被美国食品与药物管理局（FDA）和欧盟（EC）认可为评估迁移安全性的一种手段。

迁移物由食品包装到食品模拟物中的迁移过程用费克第二定律微分方程中的扩散系数 D 来描述，与前式（7-24）类似，具体如下式：

$$\frac{\partial C_P}{\partial t} = D \frac{\partial^2 C_P}{\partial x^2} \tag{7-36}$$

式中　C_P——在 t（单位 s）时刻下污染物在包装材料中位置 x（cm）处的浓度，mg/kg；

　　　　D——污染物在包装材料中的扩散系数，cm^2/s。

通过设置初始和边界条件，Crank 得到以下应用于有限包装—有限食品的公式：

$$\frac{M_{F,t}}{M_{F,\infty}} = 1 - \sum_{n=1}^{\infty} \frac{2\alpha(1+\alpha)}{1+\alpha+\alpha^2 q_n^2} \exp\left[\frac{-Dq_n^2 t}{z^2}\right] \tag{7-37}$$

$$\alpha = \frac{1}{K_{P/F}} \times \frac{V_F}{V_P} \tag{7-38}$$

式中　$M_{F,\infty}$——平衡时迁移物从食品包装（P）到食品（F）中的迁移量；

　　　　$M_{F,t}$——至 t（单位 s）时刻迁移物从食品包装（P）到食品（F）中的迁移量；

　　　　z——包装材料厚度，cm；

　　　　α——无量纲参数，可通过 $\alpha = \dfrac{M_{F,\infty}}{M_{P,0}-M_{F,\infty}}$ 计算得到；

　　　　q_n——方程 $\tan q_n = -\alpha q_n$ 的正数根；

　　V_F，V_P——分别是食品和包装物的体积，cm^3；

　　　　$K_{P/F}$——迁移物在包装材料和食品中的分配系数，可由式（7-38）计算得出。

对于大多数 α，式（7-37）可简化为基于误差函数的公式：

$$\frac{M_{F,t}}{M_{F,\infty}} = (1+\alpha)[1 - e^{\omega} erfc(\omega^{0.5})] \tag{7-39}$$

其中 $\omega = \dfrac{Dt}{\alpha^2 L_P^2}$，为了更好地进行分析，Chung 等对式（7-39）进行了线性化，得到如下方程：

$$\left[\frac{1}{\pi} - \frac{1}{\alpha} \times \frac{M_{F,t}}{M_{P,0}}\right]^{0.5} = -\frac{D^{0.5}}{\alpha L_P} t^{0.5} + \frac{1}{\pi^{0.5}} \tag{7-40}$$

式中　$M_{P,0}$——包装迁移物的初始浓度；

通过式 7-40 的斜率可得到扩散系数 D（cm^2/s）的值。此式只适用于单面迁移实验，当迁移单元为双面接触时，式（7-40）即演变为式（7-41）。

$$\left[\frac{1}{\pi} - \frac{1}{2\alpha} \times \frac{M_{F,t}}{M_{P,0}}\right]^{0.5} = -\frac{D^{0.5}}{\alpha L_P} t^{0.5} + \frac{1}{\pi^{0.5}} \tag{7-41}$$

此外，扩散系数 D 与温度之间的关系符合阿伦尼乌斯方程：

$$D = D_0 e^{\frac{-E_a}{RT}} \tag{7-42}$$

式中　　R——理想气体常数，J/(mol·K)；

　　　　T——绝对温度，K。

依照各温度下的扩散系数，可算出指前因子 $D_0(cm^2/s)$ 和活化能 $E_a(J/mol)$，进而可得到温度范围内任意温度下扩散系数和迁移量，用于评价包装材料的安全性。

上述模型可以用于对食品包装材料中光吸收剂和紫外吸收剂等物质向食品的迁移行为进行模拟分析。

[**例7-9**]　光引发剂由食品包装纸向脂肪类食物模拟物的迁移行为模拟分析（韩博，2015）。

光引发剂作为紫外光固化油墨的主要构成，普遍存在于食品纸质和塑料等包装材料。经研究发现，二苯甲酮类光引发剂不仅会导致皮肤过敏而且还会有一定的致癌作用。该研究选择两种不同的光引发剂，分别为二苯甲酮（BP）和4-苯基二苯甲酮（PBZ），采用浸泡的方式将它们加入到牛皮纸中，继而研究它们迁移至固液两态脂肪类食品模拟物中的趋势。用 Tenax 做固态脂肪类食品模拟物，分析温度、时间和光引发剂的物理化学性质对迁移的影响，基于费克第二定律，计算迁移过程的扩散系数和分配系数，用模型预测值和实验值之间的相对标准偏差数值来对模型的适用性和准确性作出评价。

将通过实验测得的数据，即分别在不同温度及引发剂条件下从牛皮纸迁移到 Tenax 中的光引发剂量，代入式（7-37）和式（7-38），得到 Tenax 中光引发剂的扩散系数和分配系数的值，列于表7-7中。

表7-7　　　　　　　　　　　Tenax 中光引发剂的扩散系数和分配系数

光引发剂	$T/℃$	α	$K_{P/F}$	$D/(cm^2/s)$	r^2
BP	50	2.13	18.82	$8.60×10^{-10}$	0.9972
	75	2.33	17.14	$2.59×10^{-9}$	0.9924
	100	3.00	13.33	$3.26×10^{-9}$	0.9981
PBZ	50	1.38	28.97	$1.55×10^{-10}$	0.8610
	75	1.63	24.52	$1.79×10^{-9}$	0.9557
	100	1.94	20.61	$5.19×10^{-9}$	0.9985

注：r^2——扩散系数的线性相关性。

分配系数 $K_{P/F}$ 的值是迁移达到平衡时，纸中迁移污染物的浓度和食品模拟物中迁移污染物的浓度的比值。$K_{P/F}$ 越高，意味着迁移到食品中的污染物越少，食品越安全。由表7-7可以看出，随着温度的升高，分配系数呈下降趋势。在迁移初始的一段时间内，由式（7-41）的线性回归分析得到扩散系数 D，因为此处为以 Tenax 做模拟物的迁移，用适用于单面接触单元的迁移过程方程计算即可。D 的计算值和实验值之间的差距由相对标准偏差表示，从表7-7中可以看出，2/3 的相对标准偏差达到了0.99以上，总体来说，求得的模型参数相关性较好，即所用模型可以很好地预测光引发剂在固体食品模拟物 Tenax 中的迁移趋势。

[**例7-10**]　紫外吸收剂由食品包装纸向固态食物模拟物的迁移行为模拟分析（韩博，2015）。

紫外吸收剂作为一种光稳定剂，常常被添加到食品包装材料中，其具有优先吸收阳光中的紫外部分，并以热能形式将能量放出，从而防止外界紫外线引起食品包装发生光降解或老化的可能，起到保护作用。尽管紫外吸收剂多为低毒化合物，但长时间接触也会致癌，因此对紫外吸收剂检测方法的开发和迁移规律的研究尤为重要。

本例中，探究了不同温度下两种紫外吸收剂——苯丙三唑类 UV-327 和二苯甲酮类 UV-531，在食品包装牛皮纸中迁移至固态食品模拟物 Tenax 中的趋势，基于费克第二定律建立扩散模型，求得不同条件下的扩散系数，并将该模型应用于迁移预测中，探究其预测准确性。

计算方法同例 7-9。得到计算结果如表 7-8。

表 7-8　　　　　　　紫外吸收剂迁移至 Tenax 中的扩散系数和分配系数

光引发剂	$T/℃$	α	$K_{P/F}$	$D/(cm^2/s)$	r^2
UV-327	50	0.67	59.70	3.52×10^{-10}	0.9797
	75	1.08	37.04	1.65×10^{-9}	0.9981
	100	2.33	17.17	1.93×10^{-9}	0.9618
UV-531	50	0.82	48.78	2.69×10^{-10}	0.9763
	75	1.00	40.00	3.05×10^{-9}	0.9751
	100	1.86	21.51	1.10×10^{-9}	0.9796

注：r^2——扩散系数的线性相关性。

由表 7-8 可知，两种紫外吸收剂在三个温度下均发生了迁移，且迁移率很大，分配系数均随温度的升高而降低，即意味着迁移物分子越容易进入到食品模拟物中，这是因为温度越高，污染物分子运动越激烈，越容易从包装纸中迁出进入到食品模拟物中。同时，在由模型计算得到扩散系数的过程中，扩散系数的线性相关性良好，r^2 的值均大于 0.95，说明该模型可以较好地预测紫外吸收剂从纸质食品包装材料到 Tenax 的迁移过程。

在所有包装材料中，只有玻璃可以被认为是与包装内容物无物质交换发生的。几乎所有其他包装材料都可能在一定程度上与食物内部和环境发生反应，这种化学物质从包装材料到食品的转移称为化学物质迁移。任何可以从包装材料迁移到食品的物质，都应该关注它是否会给消费者健康带来危害。塑料（生产过程中可能会使用添加剂改变其特性）、多层材料以及罐头涂层中的复杂成分使该类问题变得更严重。

材料本身的性质决定其所用的物质及可发生迁移的物质。这些物质为食品包装材料配方中为使材料能达到特定功能所使用的物质。它们可以是单体、起始物、催化剂、溶剂和悬浮介质及添加剂（包括抗氧化剂、抗静电、防雾、防滑添加剂、增塑剂、热稳定剂、染料和颜料等）。其他迁移物可能是已知的或未知的异构体、杂质、反应产物和降解物。部分包装材料的典型组成成分、功能及其相关的潜在迁移物见表 7-9。

表 7-9　　　　　部分包装材料的典型组成成分、功能及其相关的潜在迁移物

材料	物质分类	物质类型	功能举例	化学物举例
塑料	单体	易挥发	聚苯乙烯单体	聚乙烯、1-辛烯
		中度挥发	聚酰胺单体	十二内酰胺双酚 A
	添加剂	增塑剂	柔软度、灵活性	邻苯二甲酸酯
		抗氧化剂	隔离紫外线	甲苯
		光稳定剂	耐光性聚合物	二苯甲酮

续表

材料	物质分类	物质类型	功能举例	化学物举例
油墨		墨水	印刷	碳氢化合物或来自于醇酸树脂的醛和酮（胶印油墨）
		清漆溶剂	增加外观光泽度	
纸和纸板	纤维素纤维	氯漂白剂	化学制浆	氯酚
		黏合剂和涂料		苯乙烯/丁二烯单体
	添加剂	填充物	光学特性和印刷特性	黏土、滑石碳酸钙
		上浆剂	增加疏水性	高油松香
		荧光增白剂	增加白度	有机硫和氮
		黏合剂	黏附性	水溶性胶体
	其他	聚合物涂层	冲塞	聚乙烯
		墨水	印刷/标签	重金属
罐及金属	锡罐		罐头、不锈钢厨具	锡、铬

3. 吸收

有时包装材料对食品组分（如香料与着色剂的混合物）会产生吸收作用（如香料使周围物质带上香味），这个过程称为吸收，而这些组分为吸收物。聚合物包装材料与吸收物间化学结构的相似性可以增强吸收能力。聚合物分子质量分布越宽，吸收能力则越强。包装材料吸收能力的大小取决于初始吸收物的浓度、塑料与产品间的分配系数，以及传递的速率。

四、光 学 特 性

包装材料的光学特性非常重要，尤其对于玻璃和高分子聚合物薄膜来说。许多变质反应通常都是由光催化的，特别是紫外光。这些变质反应包括脂质氧化、产生异味、变色、重要营养组分（如核黄素、β-胡萝卜素、抗坏血酸等）结构被破坏等。另一方面，透明包装允许消费者通过包装看到内部产品从而判断其质量，如包装好的新鲜肉类、水果、蔬菜、糖果、配料、烘焙食品和玻璃罐中的保温食品（如糖浆中的水果、婴儿食品等）。透过材料的光强度可由朗伯-比尔定律（Lambert-Beer Law）给出：

$$T = \frac{I}{I_0} = e^{-kz} \tag{7-43}$$

式中　T——透射比（透光度），可用分数或百分比表示；

　I, I_0——透射和入射光的强度，cd；

　　k——吸光系数，cm^{-1}；

　　z——厚度，cm。

吸光系数 k 取决于光的波长，即表征材料透射颜色。通过对透明包装材料（玻璃或塑料）用颜料或涂层进行涂覆，从而获得具有高 UV 光吸收率的材料薄膜，可以极大提高对包装内产品的保护。

塑料包装材料既可以是透明的，也可以是不透明的。通过将非常细的白色或有色固体颜料颗粒掺入熔体中，可以使塑料材料变得不透明，浑浊是聚合物的结晶微区域光散射（衍射）的结果。

五、机械性能

包装保护其内容物免受外力影响的能力取决于其机械性能。在包装技术中，应在包装材料、成型的空包装、产品包装组件和外包装等层面考虑和评估机械性能。

针对食品包装薄膜而言，在国家标准中评价其机械性能的指标主要有：拉伸强度（Tensile Strength）、断裂伸长率（Break Elongation）、热收缩率、耐撕裂力和润湿张力等。其中，拉伸强度又称抗拉强度，指膜材在纯拉伸力的作用下，不致断裂时所能承受的最大荷载与受拉伸膜材宽度的比值，用于表征材料最大均匀塑性变形的抗力。断裂伸长率指材料受外力作用至拉断时，拉伸前后的差值与拉伸前长度的比值，用 e 表示，其计算方法为：

$$e = (L_a - L_0)/L_0 \tag{7-44}$$

式中　e——断裂伸长率,%；

　　　L_0——试样原来长，m；

　　　L_a——试样拉断时的长度，m。

对于金属罐来说，罐的机械强度取决于罐的尺寸和结构以及马口铁的厚度。在相同的马口铁厚度下，直径较小的罐在机械上更强。

对于纸箱来说，包装件变形值的大小及其所能承受的最大载荷，取决于纸箱的包装强度，纸箱的包装强度则取决于纸板材料的结构性质。影响瓦楞纸箱强度的因素可分为两类：一类是瓦楞纸板的基本因素，它是决定瓦楞纸箱抗压强度的主要因素，主要包括原纸的抗压强度、瓦楞楞型、瓦楞纸板种类、瓦楞纸板的含水量等因素；另一类是在设计、制造及流通过程中发生影响的可变因素，主要包括箱体尺寸比例、印刷面积与印刷设计、纸箱的制造技术、制箱机械的缺陷及质量管理等因素，这类因素在设计或制造瓦楞纸板及瓦楞纸箱的过程中可以设法避免。

第六节　本章结语

传质是食品加工过程中常见的现象。传质相关理论可以使研究人员更加精确地计算此过程中能耗与产量的关系，了解其中关键控制点，有利于降低生产成本、降低废气排放、提高产能等。

虽然传质现象无处不在，传质理论的研究也比较透彻，但在实际应用过程中，仍需要考虑实际过程中存在的不同现象。另外，传质过程多数会伴有传热，在考虑传质系数时一般也要考虑传热系数，从而得到比较理想的生产状态。

食品包装材料的传质性能研究非常重要。材料的阻隔性可以直接决定食品的保质期。目前在市场上使用的包装材料多为塑料，也就是高分子聚合物，然而不同的高分子聚合物的阻隔性能差异较大，普遍使用的聚乙烯等包装材料阻隔性一般，而阻隔性较高的聚乙烯—乙烯醇等价格昂贵，因此，开发出价格更低、阻隔性更高甚至是具有多重功能的包装材料仍是当前的研究热点。在这个过程中，小分子在包装材料中的传质过程分析尤为重要，能为未来食品包装开发提供重要的理论指导。

参 考 文 献

[1] Safari A，Salamat R，Baik O D. A review on heat and mass transfer coefficients during deep-fat frying：determination methods and influencing factors [J]. Journal of Food Engineering，2018：S0260877418300347.

[2] Lioumbas J S，Karapantsios T D. Effect of potato orientation on evaporation front propagation and crust thickness evolution during deep-fat frying [J]. Journal of Food Science，2012，77（10）：9.

[3] 贾绍义，柴诚敬. 化工传质与分离过程 [M]. 北京：化学工业出版社，2001.

[4] 冯骉. 食品工程原理 [M]. 北京：中国轻工业出版社，2005.

[5] 赵黎明，黄阿根. 食品工程原理 [M]. 北京：中国纺织出版社，2013.

[6] Parimala K R，Sudha M L. Effect of hydrocolloids on the rheological，microscopic，mass transfer characteristics during frying and quality characteristics of puri [J]. Food Hydrocolloids，2012，27（1）：191-200.

[7] García-Alvarado M. A，Pacheco-Aguirre F M，Ruiz-López I. I. Analytical solution of simultaneous heat and mass transfer equations during food drying [J]. Journal of Food Engineering，2014（142）：39-45.

[8] Costa R，Fusco F，Gandara J F M. Mass transfer dynamics in soaking of chickpea [J]. Journal of Food Engineering，2018（227）：42-50.

[9] Johnny S，Razavi S M A，Khodaei D. Hydration kinetics and physical properties of split chickpea as affected by soaking temperature and time [J]. Journal of Food Science and Technology，2015，52（12）：8377-8382.

[10] González-Pérez J. E，López-Méndez E. M，Luna-Guevara J J，et al. Analysis of mass transfer and morphometric characteristics of white mushroom（Agaricus bisporus）pilei during osmotic dehydration [J]. Journal of Food Engineering，2019（240）：120-132.

[11] Sareban M，Souraki B A. Mass transfer during osmotic dehydration of celery stalks in a batch osmo-reactor [J]. Heat & Mass Transfer，2016，53（3）：1-11.

[12] 柯斯乐，王宇新，姜忠义. 扩散：流体系统中的传质 [M]. 北京：化学工业出版社，2002.

[13] 程晓农，戴起勋，邵红红. 固态相变与扩散 [M]. 北京：化学工业出版社，2006.

[14] 丁锐，桂泰江，蒋建明，等. 应用拉普拉斯变换和留数法求解常见非稳态扩散情况下的菲克定律 [J]. 数学的实践与认识，2017（1）.

[15] 赵艳云，连紫璇，岳进. 食品包装的最新研究进展 [J]. 中国食品学报，2013，13（4）：1-10.

［16］Robert L. Demorest, J. Georgia Gu. 食品安全与包装材料的阻隔性［J］. 工业设计, 2008（2）: 43-44.

［17］王兴, 张雅君, 宋利君. 不同温湿度对奶粉包装膜水蒸气透过率的影响［J］. 包装与食品机械, 2015, 33（1）: 63-65.

［18］李大鹏. 食品包装学［M］. 北京: 中国纺织出版社, 2014.

［19］王硕. 食品安全学［M］. 北京: 科学出版社, 2016.

［20］吴光继. 论食品包装的阻隔性［J］. 包装世界, 2010（5）: 18-20.

［21］Yolanda Pico. 食品污染物与残留分析［M］. 北京: 中国轻工业出版社, 2017.

［22］Crank J, The mathematics of diffusion［M］. 2nd ed. Bristol: Oxford University Press, 1975.

［23］Chung D, Papadakis S E, Yam K L. Simple models for assessing migration from food-packaging films［J］. Food Additives and Contaminants, 2002, 19（6）: 611-617.

［24］吴建文, 胡长鹰, 王志伟, 等. 微波纸中邻苯二甲酸酯向 Tenax 的迁移规律及预测［J］. 食品科学, 2014（12）: 75-79.

［25］Chen X, Lee D S, Zhu X, et al. Release kinetics of tocopherol and quercetin from binary antioxidantcontrolled-release packaging films［J］. Journal of Gricultural and Food Chemistry, 2012, 60（13）: 3492-3497.

［26］黄湛艳. 食品包装材料 PET 中小分子化学物质的检测和迁移研究［D］. 广州: 暨南大学, 2015.

［27］韩博. 食品包装纸中有害物的迁移行为与模型［D］. 天津: 天津大学, 2016.

［28］Lagaron J M, Catalá, R, Gavara R. Structural characteristics defining high barrier properties in polymeric materials［J］. Materials Science and Technology, 2004, 20（1）: 1-7.

［29］Lange J, Wyser Y. Recent innovations in barrier technologies for plastic packaging: a review［J］. Packaging Technology & Science, 2003, 16（4）: 149-158.